Vorwort

Die Grundlagen der Lasertechnik wurden vor fast 30 Jahren erstmals erforscht. Weitere 10 Jahre vergingen, bis die Prinzipien der Festkörper- und Gaslaser auch in den Bereich der Halbleitertechnologie übertragen werden konnten.

Damit wurden aus den recht großvolumigen Gerätschaften der ersten Jahre handliche Bauelemente. Natürlich können selbst modernste Laserdioden in den Leistungsdaten nicht mit ihren großen Verwandten konkurrieren. Dennoch sind ihre Daten in so vielen Punkten einer herkömmlichen Leuchtdiode überlegen, daß sie in viele Gebieten der Technik Anwendung fanden.

Halbleiterlaser können nur in Verbindung mit optischen Bauteilen und mechanischen Komponenten sinnvoll betrieben werden. Es bedarf zudem einiger Meßeinrichtungen und Standardmodule, mit denen die Funktion der selbst aufgebauten Sender- und Empfängerschaltungen geprüft werden kann.

Der vorliegende Band I – Sendetechnik ist zuerst einmal den grundlegenden Techniken und den Senderschaltungen gewidmet. Schrittweise entsteht so die Ausrüstung für ein eigenes Laserlabor. Der nachfolgende Band II – Empfangstechnik, Meßverfahren und Applikationen enthält Beschreibungen hochwertiger Empfangsschaltungen, Bauanleitungen für Geräte zur Übertragung von NF- oder Digital- und Videosignalen sowie Bauvorschläge zur optischen Entfernungsmessung und sonstige Labormodule.

Dabei werden die Module und Meßanordnungen aus diesem Band immer wiederverwendet. Für einen problemlosen Nachbau gibt es eine Reihe von Bausätzen, die alle Spezialteile enthalten.

So kann nach und nach ein System entstehen, mit dem ein gutfundierter Einstieg in den Bereich der Halbleiter-Lasertechnik und Optik möglich ist.

H. H. Bahnes

RPB Nr. 225

Hans H. Bahnes

Halbleiter-Laser-Technik

Eine experimentelle
Einführung

Mit 65 Abbildungen

CIP-Kurztitelaufnahme der Deutschen Bibliothek

Hans H. Bahnes:
Halbleiter-Laser-Technik: Eine experimentelle Einführung / Hans H. Bahnes. –
München: Franzis, 1990.
  (RPB; Bd. 225)
  ISBN 3-7723-2251-4
NE: GT

© 1990 Franzis-Verlag GmbH, München

Satz: Franzis-Druck GmbH, München
Druck: Druckerei Sommer GmbH, Feuchtwangen
Printed in Germany. Imprimé en Allemagne.

ISB N 3-7723-2251-4

Inhalt

1 Einführung

1.1 Bauteile und Meßgeräte

Aus der Vielfalt der Bauelemente, die im Bereich der Halbleiter-Lasertechnik eingesetzt werden, müssen wir einige möglichst universelle auswählen. Dies gilt sowohl für die Sendeseite (Laserdioden), wie auch für die Empfangsseite (Fotodioden). Die Laserdioden teilt man in zwei Gruppen ein, die CW-(continous wave)Dioden und die Impulsdioden. Der CW-Typ sendet ähnlich wie manche Gaslaser kontinuierlich Licht aus. Daher wird er auch Dauerstrichlaser genannt. Für Prüfzwecke werden wir auch normale Infrarot-LEDs einsetzen.

Auf der Empfangsseite sind für uns nur die sogenannten PIN-Fotodioden wichtig. Bauelemente wie Fototransistoren sind auf Grund ihrer zu geringen Grenzfrequenz für den Einsatz in der Lasertechnik nur ganz selten und in der optischen Meßtechnik gar nicht verwendbar.

Ein besonderes Bauteil für die optische Meßtechnik ist der HeNe-(Helium-Neon)Laser, obwohl er auf den ersten Blick hier gar nicht hineingehört. Er ist aber in der Praxis ein schwerverzichtbares Universalwerkzeug, da sein Licht die gleichen Eigenschaften wie Infrarotstrahlung aufweist, aber mit dem Vorteil der Sichtbarkeit.

Das Begreifen vieler Grundlagen der Strahlungsphysik wird durch ihn sehr erleichtert. Wer möglicherweise schon einen HeNe-Laser besitzt, findet in der Bauanleitung vielleicht die notwendigen Anregungen, um diesen hier einsetzen zu können.

Wer schon einige Erfahrungen mit der Optoelektronik hat und deshalb auf den Heliumlaser verzichten will, sollte sich die entsprechenden Kapitel sorgfältig durchlesen, da in diesen die Prinzipien der Mechanik erläutert und auch einige fotometrische Begriffe vereinbart werden.

Der unverzichtbare Mittelpunkt aller Einrichtungen ist aber das Oszilloskop. Es sollte eine zweikanalige Version mit möglichst hoher Grenzfrequenz sein, da die Signale zum Teil im Bereich von 20–50 Nanosekunden liegen.

Alle Beschreibungen sind auf ein Gerät mit min. 60 MHz oberer Grenzfrequenz, z. B. Hameg 604, bezogen. Niederfrequentierte Typen können auch noch eingesetzt werden, (min. aber 20 MHz), wobei dann allerdings berücksichtigt werden muß, daß die abgebildeten Oszillogramme am eigenen Gerät im Zeit- und Amplitudenbereich erheblich abweichen können. Um möglichst vielen Lesern den Einstieg in die Lasertechnik zu ermöglichen, wird daher eine Methode aufgezeigt, mit der man die Fehler der langsameren Oszilloskope erfassen und damit kompensieren kann.

Für alle Spannungsmessungen allgemeiner Art ist ein min. 3stelliges DVM ausreichend. Für die Ansteuerung der Sendemodule benötigen wir einen Impulsgenerator. Da dieser einige besondere Eigenschaften hat, wird eine geeignete Schaltung, für die es auch einen Bausatz gibt, an entsprechender Stelle aufgezeigt.

Die Betriebsspannungen der einzelnen Baugruppen liegen im Bereich von 5 V bis 300 V. Sie können alle aus einem Spezialnetzteil (TS) entnommen werden, so daß nur noch eine Versorgung von 12 VDC (1A) für den Heliumlaser zusätzlich benötigt wird.

1.2 Werkzeuge

Der Umgang mit Lasertechnologie verlangt die Verwendung von geeigneten Werkzeugen und Materialien. Den Gebieten Mechanik–Optik–Elektronik muß dabei eine gleichgewichtige Beachtung gewidmet werden.

Der mechanische Teil hat eine besondere Bedeutung. Einerseits soll er die Verbindung der Glasbauteile herstellen, was eine hohe Genauigkeit erfordert. Andererseits sind Präzisionsteile recht teuer. Der eigenhändige Nachbau scheidet aus, da wohl kaum ein Leser die erforderlichen Werkzeugmaschinen hat.

Es wurde daher ein System entwickelt, daß den Selbstbau akzeptabler Mechanikteile ermöglicht, ohne allzu teuer zu sein.

Die eingesetzten Materialien dürften dem Elektroniker ohnehin vertraut sein: zu bearbeiten sind glasfaserverstärktes Epoxid und Messingteile. Einseitig kaschiertes Platinmaterial ist für unsere Zwecke ein hervorragendes Mittel. Es ist formstabil, leicht zu bearbeiten und naturgemäß gut lötbar.

Die für die Arbeiten notwendigen Maschinen dürften auch bei allen handwerklich versierten Lesern vorhanden sein. Eine elektrische Bohrmaschine mit einstellbarer Drehzahl auf einem stabilen Ständer, sowie ein Maschinenschraubstock mit mindestens 40 mm Spannbreite sind wohl zur Standardausrüstung zu zählen.

Wer sich aus gegebenem Anlaß neu einrichtet, sollte bedenken, daß die Qualität der Werkzeuge neben dem Geschick seiner Benutzer die Güte der Arbeit bestimmt. Bohrmaschinen, die für lange Zeit bei der Anfertigung präziser Teile genutzt werden sollen, werden durch den gleichzeitigen Einsatz als Schlagbohrer in Stahlbeton nicht gerade genauer. Ähnliches gilt für Bohrer. Diese sollten nur in HSS-Qualität erstanden werden. Von ihrer Benutzung in Stahl ist abzuraten, wenn die exakten Durchmesser beim Einsatz in NE-Metallen (Messing, Aluminium) erhalten bleiben sollen.

Feilen verschiedener Größen und Formen, sowie Schleifpapiere (Schleifleinen) ergänzen die Werkzeugliste. Es sollte neben einem 15 W-Elektroniklötkolben auch ein etwas größerer Kolben mit 70–100 W verfügbar sein. Der ausschließliche Einsatz von Elektroniklot (0,8 mm) mit Kolophoniumseele ist wohl selbstverständlich.

2 Die Optische Bank

2.1 Prinzipien

Die *Abb. 2.1* zeigt einen gebrauchsfertigen Aufbau einer Optischen Bank, wie er in der Lasertechnik üblich ist. Was ist eigentlich eine solche Bank, und warum brauchen wir sie?

Optische Banksysteme gibt es in vielen Variationen. Allen
gemeinsam ist aber, daß sie es ermöglichen, eine Vielzahl von
optischen Bauteilen wie Linsen, Prismen, Spiegel, aber auch
Laserdioden, mit Hilfe passender Halterungen in einer gemeinsa-

Abb. 2.1 Professionelle Optische Bank

men Bezugsebene anzuordnen. Will man die Strahlung einer Diode z. B. mit einer Linse sammeln, so ist notwendig, die Mittelpunkte beider Elemente in eine Linie zu bringen. Diese Linie nennt man „optische Achse". Da es zudem erforderlich ist, die Linse in einem bestimmten Abstand zur Diode zu positionieren, ist es sehr hilfreich, wenn man die Elemente mit ihren Halterungen verschieben kann, ohne dabei aus der optischen Achse zu geraten. Es wird also neben den Halterungen immer auch ein Träger benötigt. Dieser kann aus einem dicken Metallprofil oder wie hier aus Stahlstangen bestehen. Damit die ganze Anordnung stabil steht, wurde sie auf ein genutetes Aluminium-Profil montiert.

2.2 System „Mikrobank OM25"

Das System ist vom deutschen Hersteller Spindler & Hoyer und gehört zu den kleineren und damit preiswerteren Konstruktionen. Leider ist das mit dem Preis relativ zu verstehen. Der Materialwert in *Abb. 2.1* beträgt etwa DM 500.

Diese Summen sind in der Laserbranche keinesfalls ungewöhnlich, sondern eher der Normalfall. Für den nichtprofessionellen Anwender sind derartige Aufwendungen natürlich nicht zumutbar. Deshalb wurde ein Alternativ-System entwickelt, das auf der Konstruktion des OM25-Systems aufbaut, aber zu weitaus geringeren Kosten realisierbar ist, ohne dabei, die auch für unseren Fall, unverzichtbare Präzision zu verlieren. Der Minimalaufbau ist in *Abb. 2.2* zu sehen. Aus dem umfangreichen Originalsystem sind drei Bauteiltypen als Basis herausgenommen und durch einige Werkzeuge und ein Selbstbauteil ergänzt worden. *Abb. 2.3* zeigt den „Werkzeugsatz" (TS).

Die rechteckige Aufnahmeplatte ist weniger für den direkten Einbau vorgesehen, sondern dient uns als Muster, Werkzeug und Prüfstück. Die Stahlstangen, die je 430 mm bzw. 30 mm lang sind,

Abb. 2.2 Selbstbau-Bank

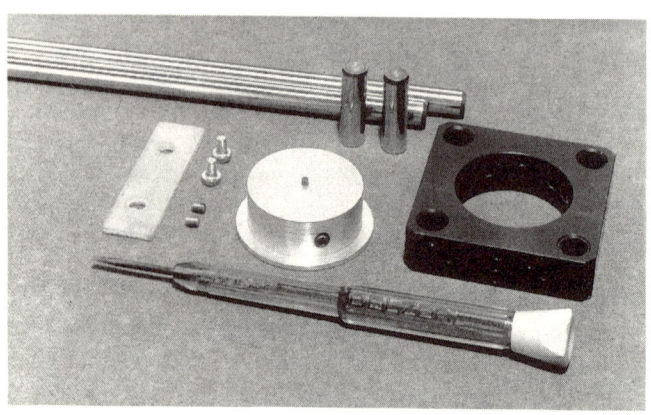

Abb. 2.3 Werkzeugsatz

Abb. 2.4 Endhalter

können nicht durch eine Alternativlösung ersetzt werden, da ihr Durchmesser auf einige $^1\!/_{100}$ mm genau sein muß. Die in *Abb. 2.2* mehrfach sichtbaren Anschlagringe mit Madenschraube sind unser nahezu wichtigstes Bauteil. Mit ihrer Hilfe und bei Verwendung der Platte als Werkzeug können wir einige Teile herstellen, wie sie *Abb. 2.4* zeigt. Die Basis der Idee ist der Einsatz von herkömmlichen Platinenmaterial aus Epoxid, das hinreichend stabil ist, sich natürlich gut löten läßt und auch leicht mechanisch zu bearbeiten ist. Da die Ringe aus Messing gefertigt sind, lassen sie sich, mit einem geeigneten Kolben, ebenfalls einwandfrei löten. Die notwendigen Bohrungen kann man leicht selbst anbringen, mit Ausnahme der großen Zentralbohrung.

2.3 Selbstbau-System

Die Geometrie des Systems verlangt eine sehr genaue Positionierung von Mittelbohrung und Stangenbohrung. Andernfalls würden entweder nicht alle Bauteile die optische Achse einhalten oder aber sich nicht verschieben lassen, ohne zu verklemmen. Daher wird im Rahmen des Teilesatzes eine vorgefertigte Basisplatine angeboten, die in einem einzigen Arbeitsgang durch Stanzen herausgestellt wird.

Die Präzision der Zentralbohrung (30,0 mm) und ihre genaue Lage zu den Plattenrändern (± 0,1 mm) ist somit gewährleistet. Damit diese Platine nun im Selbstbau vollständig gebohrt werden kann, benötigen wir die Aufnahmeplatte und einen kleinen Hilfsstreifen, die „Druckplatte", aus Metall oder Epoxid, einige Schrauben und als Werkzeug ein Zentrierstück. Den kleinen Streifen müssen wir nach *Abb. 2.5* selbst anfertigen, alle sonstigen Teile gibt es im Teilesatz.

Die Montage der „Bohrhalterung"und ihren Einsatz zeigt die *Abb. 2.6.* Auf dem Bild nicht sichtbar ist eine M2.3 Madenschraube, die das Zentrierstück festsetzt. Diese sollte am besten gegenüber der Druckplatte in eine, der in das Mittelloch führenden Gewindebohrungen eingedreht werden.

Die Zentralbohrung in der Basisplatine muß eventuell mit feinem Schleifpapier entgratet werden, damit sie sich auf das Zentrierstück aufdrücken läßt. Die Kanten der Platine sind nun mit denen der Aufnahmeplatte zur Deckung zu bringen und die Druckplatte wird an der oberen Seite festgeschraubt.

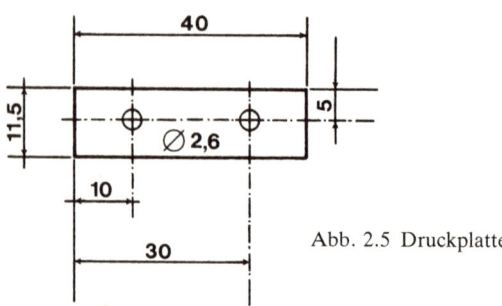

Abb. 2.5 Druckplatte

Abb. 2.6 Bohrhalterung mit Platine

Damit ist die Platine verdrehsicher fixiert. Sie muß mit ihrer ganzen Fläche plan auf der Aufnahmeplatte aufliegen. Wenn man nun die Anordnung mit der Platine nach oben in einen Maschinenschraubstock spannt, so können die 4 Randbohrungen durch die Löcher in der Originalplatte hindurch auf die Platine übertragen werden.

Der verwendete Bohrer muß 5,9 mm Durchmesser haben, und unter die Platine muß eine plane Beilage (Holz) gelegt werden,

17

Abb. 2.7 Spanntechnik

damit der Bohrer den Schraubstock nicht beschädigt oder festklemmt. Diese Unterlage sollte man nach mehrmaligem
Gebrauch erneuern, da sonst der Bohrer in bereits vorhandene
Löcher gezogen werden kann und dann leicht verkantet. Dabei
können dann die präzisen Bohrungen in der Aufnahmeplatte
ausgeschabt werden. Die *Abb. 2.7* zeigt die Anordnung im
Schraubstock.

2.4 Montage

Die 4 Bohrungen in der Platine sind dann noch auf 6.3 mm
aufzubohren und sorgfältig zu entgraten. Die beiden unteren
Bohrungen mit 4.2 mm Durchmesser sind selbst anzureißen und
dienen der Befestigung an der Grundplatte mittels Winkel oder

18

Profil. Da es hier viele Möglichkeiten gibt, wird auf dieses Thema nicht näher eingegangen. Die Befestigung muß auf jeden Fall entsprechend verwindungssteif und winklig sein.

Die Ecken der Platine sollte man mit einer Feile leicht anfasen, und die Kanten mittels Schleifleinen säubern. Eine Reinigung mit Spiritus vor der Weiterverarbeitung erleichtert das Löten. Für die Endmontage benötigen wir praktisch alle bisher verwendeten Teile.

Die Platine wird mit der Kupferseite nach oben wieder in den Halter für das Bohren eingepaßt. Auf je eine der 30 mm-Stangen wird jetzt ein Ring geschoben und festgezogen. Dann werden beide Stangen in den Bohrhalter eingeschoben und mit je einer M2.3-Madenschraube festgesetzt, wobei etwas zu beachten ist:

Die Madenschrauben der Ringe müssen nach außen und etwas nach oben weisen (ca. 45°). Dabei sollen sie vollständig plan auf

Abb. 2.8 Löthalterung fertig bestückt

der Platine aufliegen. Das geht am besten, indem man erst die Stangen mit den Ringen mit Sicht von oben ausrichtet und die Madenschrauben in der Platte anzieht. Dann dreht man die ganze Anordnung um, drückt das vorstehende Stangenende fest auf den Tisch und löst und fixiert die M2.3-Made wieder, ohne die Stange dabei zu verdrehen. Die *Abb. 2.8* zeigt das lötfertige montierte System im Schraubstock.

2.5 Lötungen

Vor dem Verlöten sollten die Ringe mit Schleifleinen gesäubert werden, wie ebenfalls in *Abb. 2.8* zu sehen. Wir benötigen einen 100 W-Kolben und Elektroniklot. Wenn der Kolben gut heiß ist, müssen zuerst die Ringe vorgeheizt und verzinnt werden, möglichst ohne die Platine zu berühren, da diese das Zinn naturgemäß sofort aufnimmt. Die Lötnaht ist sorgfältig um den gesamten Umfang des Ringes zu führen, soweit die Platine das zuläßt. Bei nur halbseitiger Lötung könnten die Ringe sonst später abbrechen. Auch sollte man die Madenschraube im Ring nicht mitverlöten! Wenn alles gut abgekühlt ist, können wir den fertigen „Endhalter" entnehmen und ein weiteres Exemplar nach dem gleichen Schema anfertigen.

Wichtig – man darf niemals an einem schon eingebauten Ring nachlöten wollen, ohne eine Stange eingeschoben zu haben! Der Ring würde sofort vollständig durchwärmen und abfallen!

Wenn alles richtig gelaufen ist, müßten wir nun zwei gleiche Endplatinen genau wie in *Abb. 2.4* gezeigt vor uns haben. Die Montage an den Haltewinkeln oder Profilen sollte jetzt derart erfolgen, daß die Ringe nach außen weisen. Wenn der gesamte Aufbau wie in der *Abb. 2.2* mit den langen Stangen montiert wird, können wir ihn mit der Aufnahmeplatte auf seine Leichtgängigkeit prüfen. Die alternative Optische Bank ist somit einsatzbereit.

3 Helium-Neon-Laser

3.1 HeNe-Laser als Werkzeug?

Die Abhandlung und der Aufbau eines Gaslasers in einem Buch über Halbleiter-Lasertechnik wird dem Einsteiger zunächst befremdlich erscheinen. Die Nichteinbeziehung dieses sichtbaren Lasers wäre aber ein krasser Gegensatz zur selbstgestellten Aufgabe der Praxisnähe. Es gibt kaum ein universelleres Werkzeug in der täglichen Arbeit. Der HeNe-Laser in der hier vorgestellten kleinen Bauweise und Leistung (<1 mW) ist besonders für den Erstkontakt mit den optischen Bauelementen eine große und vor allem anschauliche Hilfe. Wer im Bereich der unsichtbaren Infrarotstrahlung erfolgreich experimentieren will, benötigt eine gute

Abb. 3.1 HeNe-Lasermodul

räumliche Vorstellung über die Gesetze der Strahlungsoptik. Dies bedarf der Übung mit Hilfe sichtbaren Lichtes.

Der in der Einführung aufgestellten Regel, das alle Geräte auch mobil einsetzbar sein sollen, wird auch hier gefolgt. Das HeNe-System in *Abb. 3.1* besteht aus der Laserröhre (Siemens) und einem dazu passenden HV-Wandler (11–14 V) mit elektronischer Abschaltung.

Diese Bauelemente werden im Teilesatz nur als Paar angeboten. Dadurch kann auf einfache Weise ein Grundproblem für die optische Meßtechnik gelöst werden. Jeder Gerätesatz ist einzeln in der Lieferung vermessen, und wird mit einem Datenblatt geliefert. Mit der genauen Leistungsangabe kann der Leser dann selbst die Empfangsschaltungen kalibrieren.

3.2 Bauteile

Alle Befestigungsteile sind selbstgebaut, nur die Basisplatinen und die „echte" gedruckte Schaltung für die Wandlermontage sind aus dem Teilesatz. Die Konstruktion ist so gewählt, daß die Anordnung auch ohne die Stahlstangen nicht zerfällt.

Die Laserröhre muß innerhalb der optischen Bank zentrierbar sein. Da es sich ja um eine Glasröhre handelt, ist auch für eine stoßgedämpfte Befestigung zu sorgen. Beides wird gleichzeitig durch die beidseitigen Halterungen realisiert. Die vier Kunststoff-Madenschrauben (M4) dienen der Zentrierung und ein um die Röhre gelegt es Schaumstoff-Klebeband als Polster.

Damit die Auflagefläche für die Schaumstoffstreifen breit genug wird, wurde ein 10 mm Ms-Blechstreifen (TS) von 0,3 mm Dicke zum Ring gebogen. Mit 4 Bohrungen 4,0 mm im richtigen Abstand versehen, ergeben sich die Montagepunkte mit 4 Messingmuttern, in denen sich die Kunststoff-Madenschrauben bewegen. Diese Schrauben drücken dann über den Schaumstoff auf die Laserröhre. Die Art der Verschiebemöglichkeit nennt man x-y-

Justage. Eine herkömmliche Vorrichtung dieser Art erlaubt allerdings die Verstellung einer Achse, ohne die andere zu beeinflussen. Dies ist bei unserer Methode nicht gewährleistet. Das ist aber kein allzu großer Nachteil, weil die Justage nur beim Aufbauen einmal erfolgen muß, und dann nur gelegentlich zu prüfen ist. Dafür kostet der Aufbau auch entsprechend wenig.

3.3 Aufbau

Die Verbindungsplatine trägt den HV-Wandler, sowie einen Ein-Schalter (TS) und eine 5-pol Steckverbindung (TS) für die 12 V-Betriebsspannung. Die Stromaufnahme beträgt ca. 0,6 A. Der HV-Wandler hat eine dritte Eingangsleitung, die der einfachen elektronischen Steuerung dient. Wird dieser Anschluß (über den Schalter) an Masse (–) gelegt, dann arbeitet der Wandler. Der Steueranschuß ist auch auf dem 5-pol-Stecker aufgelegt; somit kann auch eine Fernsteuerung erfolgen. Die dickeren Hochspannungskabel werden zur Röhre geführt. Die schwarze Leitung ist Minus und gehört an jene Röhrenseite, die den kleinen Abschmelzstutzen trägt. Das rote Pluskabel führt zum anderen Kontakt. In diese Zuleitung sind drei Widerstände von 22 kΩ in Reihenschaltung eingefügt. Dieser Wert von 66 kΩ ist als Vorwiderstand zur Strombegrenzung erforderlich. Die Röhre darf keinesfalls ohne ihn betrieben werden. Damit diese Anordnung nicht offen liegt, ist sie doppelt mit Schrumpfschlauch (TS) umgeben. Die Kontakte der Röhre liegen natürlich immer offen und eine Berührung mit der Hand darf im Betrieb niemals erfolgen. Die Brenn(Betriebs-)spannung beträgt über 1000 V und kann gesundheitlich bedenkliche Schläge austeilen. Auch ein Nachmessen dieser Spannung ist nie erforderlich. Dafür müßte man einen speziellen HV-Tastkopf benutzen. Die beim Zünden (Einschalten) kurzzeitig auftretende Spannung liegt mit über 10000 V noch erheblich höher. Daher muß im gesamten Hochvolt-Bereich eine

Durchschlagsfestigkeit von min. 20 kV herrschen. Es darf deshalb nur das spezielle doppelt isolierte Kabel vom Wandler-Modul für die Verdrahtung verwendet werden. Die Länge ist mehr als ausreichend. Vor allen Lötarbeiten im HV-Bereich sind die Kontakte (Röhre oder Kabel) kurzzuschließen.

Damit werden alle Restladungen aus dem Wandler abgebaut. Die HV-Kabel wurden deshalb auch vor Auslieferung verlötet. Beim Einschalten des Wandlers, das ausschließlich mit angeschlossener Röhre erfolgen darf, kann es einige Sekunden dauern, bis die Zündung erfolgt. Das ist normal und kein Anlaß zur Besorgnis. Wenden wir uns nun der Montage zu.

3.4 Montage Justierträger

Die Methode ist im Grunde schon bekannt, nur die Reihenfolge ist ein wenig verändert. Wie in *Abb. 3.1* zu sehen, werden die Ringe diesmal doppelt genutzt, da sie auch zur Befestigung der HV-Platine dienen. Dafür müssen wir aber zusätzliche Gewindebohrungen M2.5 anbringen. Es werden also Gewindebohrer-Satz (M2.5 (TS) und Windeisen (Gr. 0) benötigt. Vorgebohrt wird mit einem Bohrer 2,0 mm. Damit die Ringe sich etwas besser einspannen lassen, fertigen wir aus Platinenmaterial noch zuvor einen kleinen Halter an. *Abb. 3.2* zeigt seine Form und den Einsatz. Drei gleichgroße Epoxydstücke werden miteinander verschraubt und mit einer kleinen V-Nut versehen. Die Abmessungen der Stücke können hier nicht genau vorgegeben werden, da sie von den Maßen des verwendeten Maschinenschraubstockes abhängen. Die Länge sollte die Backenbreite an jeder Seite um 10 mm überragen und die Höhe ist ca. 6 mm kleiner zu wählen als die max. Spanntiefe des Schraubstockes. Die kleine Nut feilt man etwa 10–12 mm vom Rand (der Backen) ein, damit der Ring sicher gehalten wird. Wenn der Halter fertig ist, können wir die Ringe (4 Stück) anreißen und körnen.

Abb. 3.2 Ringhalter im Einsatz

Dafür benötigen wir die Aufnahmeplatte, eine 30 mm-Stange und den Anreiß-Meßschieber. (Zur Not genügt auch ein gutes Augenmaß.) Die Stange wird festgesetzt, und der Ring im 45°-Winkel (Made) eingestellt und fixiert. Zuerst muß die Mittellinie des Ringes angerissen werden. Da die Platte 10 mm und der Ring 5 mm dick sind, ist das Anreißmaß 12,5 mm.

Die *Abb. 3.3* zeigt den Vorgang. Damit die Lage der Bohrung korrekt ist, brauchen wir noch eine zweite Markierung. Diese sollte in einer Linie mit der Mitte der Stange liegen und kann mit einem Filzschreiber gekennzeichnet werden. Ein ganz genaues Messen ist hier nicht erforderlich, da sich beim Zusammenbau von allein die exakte Lage ergibt.

Die rechts-links-Lage der Schraube muß beim Anriß nicht extra beachtet werden, da man die Ringe nachher entsprechend wen-

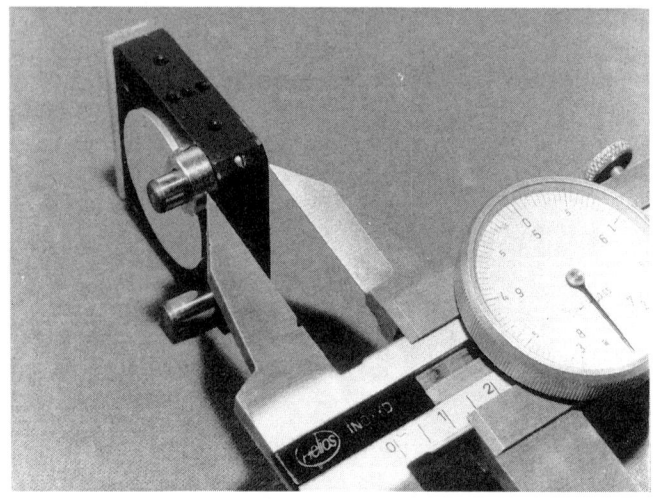

Abb. 3.3 Anreißen der Ringe

den kann. Sind alle 4 Ringe angezeichnet, so können sie zum Körnen und Bohren mit dem Halter zusammen eingespannt werden.

Dabei ist auf tiefen Sitz im Schraubstock zu achten. Vor dem eigentlichen Körnerschlag sollte man unter Verwendung einer Holzzwischenlage einmal kurz auf den Ring klopfen, um diesen samt Halter ganz nach unten zu treiben. Das geschieht sonst beim Körnen, wobei der Körner leicht abgleitet. Auf senkrechtes Ansetzen ist zu achten. Es spart Arbeit, jeden Ring nach dem Körnen gleich zu Bohren (2,0 mm).

Danach können wir Gewinde schneiden. Dabei müssen alle drei Bohrer in der üblichen Folge benutzt werden, damit keiner abbricht. Man sollte die Ringe nur mit der Hand, ohne Werkzeug, festhalten, da man die Kräfte so besser wahrnimmt.

3.5 Bearbeitung der Blechringe

Die Basisplatinen haben wieder das bekannte 30 mm Loch und sind allseitig auf 40 mm-Größe gestanzt, da sonst die Montage der HV-Platine quer zu ihnen unmöglich wäre. Wir benötigen davon zwei Stück und bringen zuerst die vier 6.3 mm-Bohrungen nach dem üblichen Verfahren an. Die Ringe dürfen allerdings noch nicht montiert werden. Zuvor ist der Messingstreifen (TS) an der Reihe. Die *Abb. 3.4* gibt die Maße an.

Die Ausmaße sind bei den Streifen aus dem Bausatz bereits zugeschnitten, nur die 4 Bohrungen (4,0 mm) sind anzureißen und zu bohren. Da das Blech sehr dünn ist, sollte beim Körnen ein relativ hartes Material (Epoxid) untergelegt werden, damit keine zu starke Deformation stattfindet. Die Löcher darf man nicht vorbohren, weil beim Aufbohren sonst garantiert der Bohrer

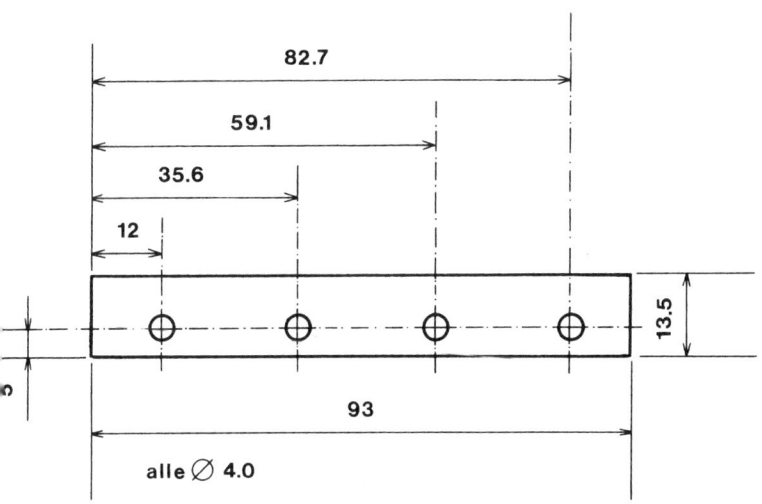

Abb. 3.4 Messingstreifen

27

festklemmt. Alle Bohrungen werden mit einem Senker oder einem größeren Bohrer vorsichtig entgratet.

Das Blech ist danach allseitig mit feinem Schleifpapier (-Leinen) der Korngröße 250 abzuschleifen, damit es sich später gut löten läßt. Ebenfalls derart zu reinigen sind insgesamt 8 Messingmutter der Größe M4. Die fertigen Blechstreifen müssen vor dem Einsetzen in die Platinen auf ca. 40–50 mm Durchmesser vorgebogen werden. Da das Blech sehr leicht Knicke bekommt, biegt man es langsam und abschnittsweise um einen Kern mit der passenden Dicke (Metall oder Kunststoff) und formt mit dem Hammer die Punkte, wo die Bohrungen sind, durch vorsichtiges Klopfen immer wieder nach. Die *Abb. 3.5* verdeutlicht das, und zeigt einen schon eingesetzten Blechring. Der durchgesteckte Bohrer erleichtert die Ausrichtung.

Abb. 3.5 Formen des Messingstreifens und Ausrichten

3.6 Einsetzen der Blechringe

Wird ein Blechring nun in eine Platine eingesetzt, so merkt man, daß sich der Kreis nicht schließen läßt. Der Spalt von ca. 1 mm ist auch beabsichtigt, da sich eine genaue Berührung der Enden ohnehin nur schwer gewährleisten ließe. Die Verbindungsstelle wird so hingedreht, daß sie direkt auf eines der 6,3 mm-Löcher zeigt, vor das später ein Ring gelötet werden soll. Damit ist dort „unten". Gleichzeitig werden dadurch die Löcher für die Muttern in die richtige Position verbracht.

Damit der Streifen einwandfrei rund montiert werden kann, erstellen wir uns wieder ein kleines Werkzeug aus Epoxydresten. Das Stück hat unten eine Breite von etwa 29,4 mm (30−2×0,3) und wird nach oben schmäler. Die genaue Abmessung erhält man am besten durch Ausprobieren. Die *Abb. 3.6* zeigt den Einsatz. Es soll nur im Bereich der Platinenebene Druck ausgeübt werden, damit der Blechstreifen nachher überall satt anliegt und sich nicht nach außen verformt. Gleichzeitig muß darauf geachtet werden, daß die Kante des Bleches an der nichtkaschierten Außenseite der Platine immer gut abschließt, also nicht durchtritt.

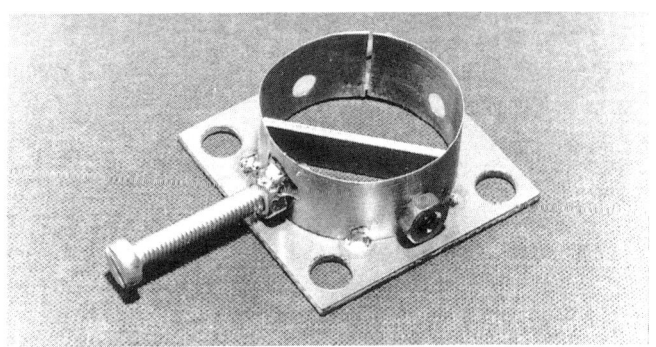

Abb. 3.6 Musterstreifen

Für das Verlöten des Streifens reicht ein 15 W-Kolben aus. Zuerst setzen wir einige Lötpunkte zwischen die spätere Position der Ringe und lassen dabei die Stellen für die M4-Muttern ebenfalls frei. Stets wird nur dort gepunktet, wo der Epoxydstreifen Druck ausübt, und dieser danach weitergedreht.

Der in *Abb. 3.6* abgebildete Ring ist nur ein Muster, das mehrere Arbeitsgänge illustrieren soll.

3.7 Montage der Muttern und Ringe

Die Muttern M4 können jetzt nacheinander montiert werden, wie ebenfalls in *Abb. 3.6* dargestellt. Dabei werden sie so positioniert, daß eine ihrer Sechskantflächen auf der Platine aufsitzt (im Bild zeigt das die rechte Mutter). Innerhalb des Ringes ist auf die Schraube eine Kontermutter aufgesetzt, damit die aufzulötende Ms-Mutter an ihrem Platz bleibt. Der Anzug darf aber nur schwach sein, um den Blechstreifen nicht zu verformen. Die Messingmutter ist zuerst mit dem Blech zu verlöten und dann rundherum mit der Platine. Auch diese Arbeit sollte mit dem 15 W-Kolben erfolgen, um den Blechring nicht aus Versehen wieder abzulösen.

Sind alle Muttern montiert, können wir den restlichen Umfang des Blechstreifens befestigen. Dabei wird der Epoxydstreifen wieder eingesetzt und nur dort gelötet, wo er andrückt. Die Lötnaht ist recht dünn zu halten, und der Platz, an dem die Befestigungsringe noch fehlen, darf gar nicht benetzt werden, damit später die Ringe plan liegen.

Um die Ringe jetzt anzubringen, benötigen wir die noch nicht bestückte HV-Platine. Alle Teile müssen wieder in die Montagevorrichtung, wie *Abb. 3.7* zeigt. Dabei wird erst die HV-Platine mit den Ringen lose verbunden, (M2.5 × 4), und danach auf die Vorrichtung gesetzt. Die Ringe müssen sich leichtgängig gegen den Justierträger pressen lassen. In dieser Stellung werden erst

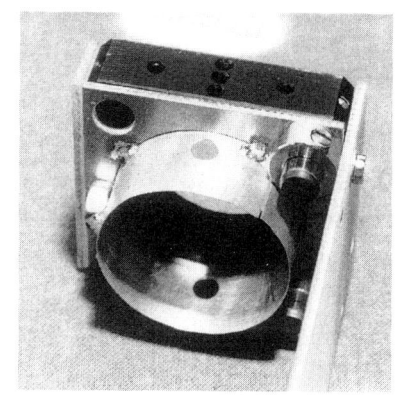

Abb. 3.7 Ringmontage

die M2.5-Schrauben in der HV-Platine und dann die Maden-schrauben der Ringe angezogen. Dabei muß sich die HV-Platine rechtwinklig zum Träger stellen. Da die Ringe einen Durchmesser von 11 mm haben, berühren sie den Justierträger nicht.

Paßt alles, so wird jeder Ring mit einem Lötpunkt nahe am Blechring fixiert. Danach kann die HV-Platine wieder entfernt werden (aber nur diese!) und die Ringe auf dem restlichen Umfang verlötet werden.

Sind beide Justierplatten derart mit Ringen ausgerüstet, so kann zum ersten Mal die HV-Platine zwischen ihnen befestigt werden. Die M2.5-Schrauben werden erst nur lose eingesetzt und dann die beiden Stangen eingeschoben.

Am Ende der Stangen befestigen wir die Endträger der Optischen Bank, damit die Maßhaltigkeit hergestellt wird. Dann schieben wir den vormontierten Röhrenhalter an ein Ende der Bank und drehen die dem Endhalter zugewandten M2.5-Schrauben fest. Dennoch muß sich der Aufbau jetzt leicht nach der anderen Seite verschieben lassen. Wenn ja, verfahren wir auf der anderen Seite genauso. Das Verschieben verlangt sicherlich etwas mehr an Kraft, als bei einer Platte allein, muß aber dennoch ohne zu klemmen möglich sein.

Gelingt es nicht, so sind meist nur einige der Madenschrauben in den Ringen festgerüttelt. Wenn alles richtig funktioniert, kann die HV-Platine wieder demontiert werden.

3.8 HV-Platine

Die HV-Platine wird als einzige im ganzen Teilesatz vollständig gebohrt geliefert. Das ist wegen der Maßhaltigkeit der Befestigungsbohrungen erforderlich. Der Schalter und der 5pol Stecker sind zuerst, von der unkaschierten Seite her, einzubauen.

Der Wandler wird ebenfalls von der unkaschierten Seite mit M3 × 40-Schrauben und Muttern montiert. Diese sind im Montagesatz (TS) enthalten. Es müssen unbedingt die dazugehörenden beiden 2 mm Distanzringe untergelegt werden, da bei Anzug der Schrauben sonst die Platine verbogen wird.

Die beiden HV-Kabel werden erst einmal beiseite gedrückt. Für den Einbau der drei dünnen Leitungen müssen zuerst die entsprechenden Bohrungen, von der Lötseite her, mit Aderendhülsen (TS) bestückt werden. Deren Rand wird vorsichtig verlötet, ohne die Hülse zu füllen. Dann können wir die Kabel kürzen und gemäß der aufgedruckten Farbkennzeichnung in die Hülsen löten.

Für die zwei Versorgungsleitungen eignet sich ein Kabelquerschnitt von 0,75 qmm am besten. Die losen Kontakte des beigelegten 5pol-Steckers sind eigentlich zum Quetschen bestimmt, man kann sie aber auch Löten. Am anderen Ende werden die üblichen Laborstecker verwendet. Die Polarität der Betriebsspannung ist auf die Platine aufgedruckt. Eine Inbetriebnahme ohne Röhre darf keinesfalls erfolgen.

3.9 Vorwiderstand und HeNe-Röhren

Der Vorwiderstand besteht aus drei, in Reihe geschalteten 22-kΩ-Widerständen von min. ¼ W Belastbarkeit. Es sollten hier, wie auch generell, nur Metallfilmwiderstände verwendet werden. Der Preisunterschied zu den qualitativ schlechteren Kohleschicht-Typen ist heute so gering, daß die doppelte Lagerhaltung nicht mehr lohnt. Bei höheren Belastbarkeiten sind allerdings immer noch die Kohleschicht-Typen günstiger.

Die Anschlußdrähte aller drei Widerstände werden auf etwa 5 mm gekürzt, und dann vorverzinnt. Wenn die Kette zusammengelötet ist, sollte ihre Länge ca. 55 mm betragen. Die Hochspannungskabel bleiben im Moment noch wie sie sind. Als nächstes müssen wir erst einmal die Röhre vorbereiten und dann montieren. Dafür werden die beiden Streifen aus selbstklebendem Schaumstoff (TS) gemäß *Abb. 3.8* so aufgebracht, daß die Trennstellen untereinander und mit dem kleinen Abschmelzstutzen

Abb. 3.8 Aufbringen der Schaumstoffstreifen

eine Linie bilden. Die Länge ist so bemessen, daß keinesfalls eine Überlappung stattfindet. Beim Umgang mit der Röhre ist große Sorgfalt geboten. Beim Hantieren damit sollte man alle scharfkantigen Werkzeuge, auch Ringe und Uhren, beiseite- bzw. ablegen, damit nicht versehentlich Kratzer an das Glas kommen. Besonders gefährdet sind die aufgeklebten Spielgeflächen an den Enden der Röhre. Diese sollte man nicht mit bloßen Fingern berühren, da sie nie wieder so sauber werden wie bei Lieferung. Ist die Röhre mit den Streifen beklebt, so können wir die acht Kunststoff-Madenschrauben (TS) auf ca. 10 mm kürzen. Mit einem scharfen (Feder)Messer oder einem Seitenschneider ohne Wate geht das recht einfach, wobei die Made in einer Mutter gehaltert wird und an der Mutternfläche geschnitten wird. Es muß allerdings die richtige Seite gewählt werden, da die Nut für den Schraubendreher sonst verloren geht. Die Schnittfläche am

Abb. 3.9 Röhrenausrichtung

gekürzten Stück sollte keine Spitzen aufweisen. Gegebenenfalls kann man sie etwas abschleifen. Die Madenschrauben können nun soweit in die Muttern eingedreht werden, da sie noch nicht in den Innenraum hineinragen. Vor dem Röhreneinbau müssen wir die Polarität der Kontakte kennen. Die richtige Lage ist durch den kleinen Abschmelzstutzen an dem einen Röhrenende zu erkennen. Diese Seite ist verbunden mit der Kathode (–) und muß über der Platinenseite mit Schalter und Stecker liegen. Seitenteile und HV-Platine werden wieder mit Stangen montiert und die Röhre dann vorsichtig und in der richtigen Richtung in die Blechringe geschoben, bis die Polsterstreifen mittig liegen. Die Lücke in den Streifen darf dabei nicht unter einer der M4 Muttern zu liegen kommen, sondern sollte in Richtung einer der Stangen weisen. Jetzt müßte die Röhre wie *Abb. 3.9* gelagert sein. Der kleine Abschmelzstutzen zeigt nach unten, da er am meisten schlaggefährdet ist. Die Kunststoffschrauben können jetzt vorsichtig und gleichmäßig angezogen werden, bis unsere Röhre nach Augenmaß annähernd mittig in den Blechringen liegt. Beim Anziehen der Schrauben verdreht sich der Schaumstoff etwas, daß ist aber ohne Bedeutung und hilft sogar, einen starken Anpreßdruck durch die Schrauben zu vermeiden. Der Anschluß der Hochspannungskabel kann nun als nächstes erfolgen. Dafür ziehen wir beide Kabel durch die Bohrung in der HV-Platine in den Raum hinter der Röhre. Das schwarze Minuskabel hat einen besonders kurzen Weg, da die Röhrenkathode ja ebenfalls hinten liegt. Das (–)Kabel wird jetzt soweit gekürzt, daß ein Anschluß an den Kontaktring möglich ist, ohne große mechanische Kräfte (Zug) auf die Röhre auszuüben. Beim Abisolieren des Kabels (Abisolierzange oder Messer) muß soweit wie möglich außerhalb des Aufbaues gearbeitet werden, um die HeNe-Röhre zu schützen. Mit dem 15 W-Kolben wird zuerst das Kabelende verzinnt, und dann etwas Lot auf den Kontaktring aufgetragen. Die Kontaktringe sind sehr gut lösbar, daher ist ein langes „herumbraten" nicht erforderlich, und darf auch nicht sein. Die Ringe sollen ebenfalls nicht verdreht werden, dafür ist ein Spezialwerkzeug

Abb. 3.10 HV-Verkabelung

erforderlich. Gleich nach dem Lotauftrag kann man das Kabelende gut anlöten, da der Ring noch warm ist.

Für den Anschluß der Anode benötigen wir den fertigen Vorwiderstand und beiden Schrumpfschlauchstücke (TS). Die
Abb. 3.10 zeigt die Kabelführung. Zuerst wird das rote (+) Kabel
in die nach vorn führenden, nicht benötigten 6,3 mm-Bohrungen
eingefädelt, und dann ca. 15 mm hinter der ersten Durchführung
getrennt. Der am Wander verbliebene Teil wird wieder zurückge-
zogen und wie zuvor, möglichst weit außerhalb des Aufbaus,
abisoliert und verzinnt. Auch der Kabelrest wird so vorbereitet.
Die restlichen Arbeiten müssen jetzt zwangsläufig in der Nähe
der Röhre stattfinden; also Vorsicht dabei. Die Widerstandskette
wird mit dem wieder durchgesteckten Pluskabel vom Wandler
verlötet. Dann wird von vorn der Rest des roten Kabels bis zum
anderen Punkt der Widerstände geführt und dort angelötet. Die
Kabellänge bis zum Röhrenkontakt wird abgemessen und der
Rest weggeschnitten. Das jetzt recht kurze Kabelstück muß wieder abgelötet werden, um es auf der anderen Seite abzuisolieren.

Dabei rutscht wegen der geringen Länge häufig die äußere Isolation vom Kabelrest. Man kann sie aber leicht wieder überstreifen, was auch unbedingt geschehen muß. Ist das Ende vorverzinnt, kann auch der Röhrenkontakt vorbereitet werden. Es gilt hier das zuvor für den Kathodenkontakt Gesagte. Das kurze Kabelstück wird jetzt erneut an die Widerstände gelötet und dann mit dem schwarzen Schrumpfschlauch derart überzogen, daß der Schlauch sowohl die Widerstände wie auch auf beiden Enden das Kabel einige mm überdeckt. Der Schlauch wird jetzt mit einer Heißluftpistole oder auch mit einer Gasflamme (Feuerzeug) erhitze und dabei geschrumpft. Die offene Flamme darf dabei weder das Kabel noch das Glas der Röhre berühren! Wenn der schwarze Schlauch festsitzt, wird noch der etwas dickere, rote Schlauch über das Ganze geschoben. Dieser ist so lang bemessen, daß er ein Stück über die Justierträger hinausgeht.

Damit ist auch eine Isolation gegen die Cu-Kaschierung der Justierträger gewährleistet. Der rote Schrumpfschlauch wird so belassen wie er ist, also nicht geschrumpft. Er hält von allein in der richtigen Position, wenn nun das noch freie Kabelende an den Röhrenkontakt gelötet wird. Damit sollte dann unser HeNe-Laser in allen Punkten den gezeigten Abbildungen entsprechen, und wäre bereit zur Inbetriebnahme.

3.10   Inbetriebnahme und Sicherheit

Zuvor müssen wir uns allerdings mit einigen Regeln vertraut machen, die für den Umgang mit Laserstrahlung jeglicher Art gelten. Erste und wichtigste Regel ist: SCHAUE NIEMALS IN EINEN LASERSTRAHL DIREKT HINEIN, ODER AUCH NUR IN GRADER LINIE AUF SEINE QUELLE! Auch wenn unser HeNe-Laser ein eher schwaches Exemplar ist, so kann er doch bei direktem Einfall in die Augen zu Schäden führen.

Verstärkt gilt das bei den im Labor üblichen kurzen Entfernungen. Der Aufbau wird stets so ausgerichtet, daß er quer zum Experimentator steht, und gleichzeitig der Strahl beim Verlassen der Bank niemals durch eine Tür oder ein Fenster (offen oder geschlossen) fallen kann, sondern höchstens auf eine Wand, wobei gewährleistet sein muß, daß niemand zwischen Strahlquelle und Wand treten kann. Es ist bei allen o. g. Regeln völlig unerheblich, ob die Strahlung sichtbar oder nicht (Infrarot). Es ist ebenfalls einerlei, ob es sich um den direkten Strahl einer Laserquelle handelt, oder ob dieser über Prismen, Spiegel oder Linsen abgelenkt wurde. Wer hochenergetische Strahlung erzeugt, der ist auch für die Sicherheit seiner Umwelt verantwortlich. Weder Verlag noch Autor übernehmen irgendeine Haftung für die möglichen primären oder sekundären Risiken!

Nach den notwendigen Hinweisen können wir nun Taten folgen lassen. Wer bis jetzt nur die Stangen in das Lasermodul eingebaut hatte, muß die optische Bank durch Anbau Endträger und Einfügen der Aufnahmeplatte komplettieren. Die nutzbare Länge sollte dabei so groß wie möglich eingestellt werden. Der Arbeitsraum beträgt dann etwa 200 mm. Die Bank sollte auch auf der Grundplatte befestigt werden, wobei mit der Aufnahmeplatte wieder die Leichtgängigkeit geprüft wird. Das Lasermodul wird ganz nach links geschoben. Die Arbeitsweise von links nach rechts ist auf Rechtshänder zugeschnitten, da diese normalerweise später auch das Oszilloskop und alle anderen Meßgeräte rechts stehen haben. Der Einschalter des Lasermoduls zeigt dabei nach vorn, und ist somit gut erreichbar. Für die Stromversorgung benötigen wir ein 12 V-Netzteil mit ca. 1 A Ausgangsstrombelastbarkeit im Dauerbetrieb. Die Spannung sollte stabilisiert sein. Wir müssen den polrichtigen Anschluß beachten und können, nachdem wir uns nochmals der entsprechenden Abschnitte der Sicherheitsbelehrung erinnert haben, das Modul einschalten. Die Röhre muß nach spätestens 2–4 sec zünden, wobei sie ein gelblichweißes Licht abgibt und der tiefrote Laserstrahl sichtbar wird.

Das heißt, genaugenommen, ist der eigentliche Strahl kaum sichtbar, sondern zuallererst einmal ein sehr heller Punkt an der Stelle, wo der Strahl die Wand trifft, auf die der Aufbau ja ausgerichtet ist. Wenn wider Erwarten nichts von alledem geschieht, liegt irgendein Fehler vor. Dann muß zunächst die Stromaufnahme des Wandlers geprüft werden, die bei ca. 0,6 A ±10–20 % liegen muß. Es darf auch nirgendwo zu Hochspannungsüberschlägen kommen. Sollten derartige Effekte gar innerhalb der Röhre auftreten, so ist diese defekt. Erfahrungsgemäß ist die Inbetriebnahme aber problemlos.

3.11 Justage

Mit dem erfolgreiche Aufbau des HeNe-Lasermoduls haben wir ein gutes Stück Arbeit geschafft, denn dies war die wohl aufwenigste Einzelbaubeschreibung dieses Buches. Es fehlt jetzt noch die Grundjustage des Lasers, bevor wir ihn anwenden können. Dafür muß er allerdings erst einmal ca. 20 Minuten warmlaufen. Erst dann hat sich die räumliche Lage des Strahles so weit stabilisiert, da eine Justage Sinn hat. Diese Einlauferscheinung nennt man „Aufwärmdrift". Die Einstellung selbst soll lediglich gewährleisten, daß der Strahl genau mittig zur optischen Bank verläuft, und zwar über die ganze Länge. Dafür benötigen wir die aufgesetzte Aufnahmeplatte und unser Zentrierstück. In der Mitte des Werkzeugs ist eine 1,5 mm-Bohrung, die wir bisher noch nicht benötigt haben. Wird das Zentrierstück in die Platte eingesetzt (benutzerzugewandt) und fixiert, so gibt es das mechanische Zentrum der optischen Bank an. Da der Laserstrahl sehr dünn ist (0,5 mm, kann er durch die Bohrung natürlich durchtreten. Wenn die Platte nun nahe an den Laser geschoben wird (ohne den vorderen Spiegel zu berühren!), dann wird der Punkt irgendwo in der Nähe der Mitte auftreffen. Verschiebt man die Platte jetzt langsam nach rechts, so wandert der Punkt in irgendeine Richtung aus. Das zeigt uns, daß die Röhre etwas schräg in ihren Justierringen liegt. Durch Nachjustieren der M4-Madenschrauben können wir das korrigieren, wobei immer die gegenüberliegenden Schrauben gegensinnig verstellt werden müssen. Alle Befestigungsschrauben (Ringmaden) im gesamten Aufbau müssen allerdings zuvor festgezogen sein! Das Ziel unserer Versuche ist erreicht, wenn der Strahl unabhängig von der Position der Platte beim Verschieben im gesamten Arbeitsbereich immer mittig im Loch verbleibt.

Die Reihenfolge, in der die Justierschrauben dabei zu bewegen sind, ist abhängig von der angetroffenen Schieflage bei Beginn der Einstellung. Der Vorgang läßt sich auch schwer mit Worten beschreiben. Da hilft nur das eigenhändige Ausprobieren.

Neben dem Ziel der Zentrierung muß noch ein weiterer Aspekt berücksichtigt werden. Am Ende des Vorganges sollen alle Justierschrauben angezogen sein, damit die Röhre fest sitzt. Die Unterlage der Schaumstoffstreifen hat noch eine Eigenheit, die man berücksichtigen muß. Wenn die Justage, nach eigenem Ermessen, abgeschlossen sein soll, dann muß der Aufbau noch etwa einen Tag so stehen bleiben, und dann noch einmal nachgestellt werden, da der Schaumstoff sich entspannt. Wenn nach dieser Frist nochmal alle Justierschrauben nachgezogen werden, ohne daß der Strahl sich verschiebt, dann hält die Einstellung endgültig für längere Zeit, zumindest solange wir die optische Bank stets nur einseitig öffnen, um Bauteile aufzuschieben. Es hat sich ohnehin bewährt, den linken Endträger zu fixieren und den rechten nur aufzuschieben und in der Bodenplatte lediglich handfest anzuziehen. Der Wechsel von Bauelementen geht dadurch etwas schneller. Mit einiger Übung ergibt sich die individuelle Vorgehensweise ohnehin von allein.

Die *Abb. 3.11* zeigt den fertigen Laser in Betrieb. Für den, der vielleicht einmal eine derartige Aufnahme selbst anfertigen möchte, dazu ein Hinweis: das Foto ist ausschließlich im Eigenlicht von HeNe-Röhre und Laserstrahl aufgenommen worden.

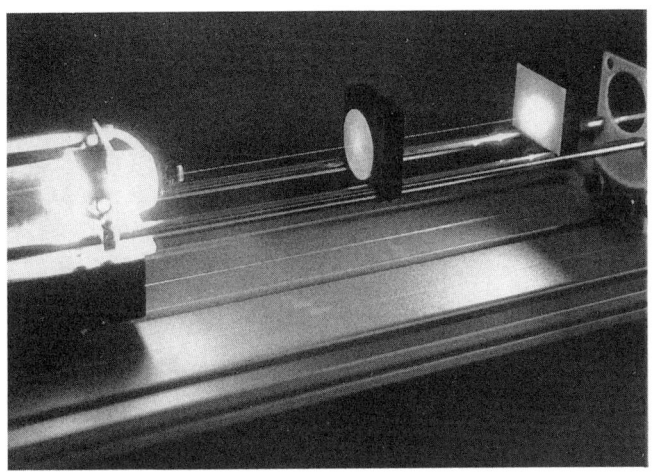

Abb. 3.11 HeNe-Laser in Betrieb

Die Belichtungszeit betrug 0,5 sec bei voll geöffneter Blende. Kurz vor und während der Belichtung muß Rauch auf die gesamte Anordnung geblasen werden, damit der Strahl sichtbar wird. Die Helligkeit des Fleckes erklärt sich durch die Belichtungszeit.

4 Laser – das andere Licht

4.1 Theorie und Praxis

Ganz ohne theoretische Betrachtungen kommen wir nicht aus.
Dabei werden allerdings alle Komponenten soweit möglich und
sinnvoll, nur von „außen" betrachtet. Wer sich für die genauen
inneren Vorgänge interessiert, kann aus dem Literaturverzeichnis
die entsprechenden Titel auswählen. Für den praktischen Experimentator, der ja keine hochgezüchteten Systeme erfinden muß,
ist es wichtig zu wissen, wie man einen Strahl dazu veranlaßt, das
zu tun, was man will; aber weniger, wie dieser ursprünglich
zustande gekommen ist. Zum Teil erwirbt er dieses Wissen,
soweit es unverzichtbar ist, ohnehin nebenbei. Die Bauanleitungen für die Ausrüstung der Experimente sind von nun an nicht
mehr im laufenden Text zu finden. Sie sind im Anhang (Kap. 12)
zusammengefaßt, damit die notwendigen Arbeiten vor dem
Beginn einer Experimentierphase erfolgen können und die
eigentlichen Experimentalanweisungen nicht stören. Am Anfang
jedes neuen Kapitels ist deshalb eine Liste der benötigten Teile
eingefügt, damit die Ausrüstung zuvor komplettiert werden kann.

Bauteileliste Kapitel 4

- HeNe-Laser und Optische Bank
- Gefaßte Linse 30/40
- Leerhalter nach 12.1
- XY-Halter nach 12.2
- Zeichenpergament, Millimeterpapier

4.2 Was ist Licht?

„Licht ist, wenn die Sonne scheint". Dieser, zugegeben etwas infantile Satz, umschreibt eine Reihe von physikalischen Vorgängen, ohne zu differenzieren. Licht ist die etwas ungenaue Umschreibung für einen Ausschnitt aus der Fülle elektromagnetischer Wellen, die uns unser Leben lang umgibt. Eine derartige Welle ist eine eigene Erscheinungsform von Energie, bei der ein Transport dieser Energie erfolgt, ohne dafür ein Medium zu benötigen, die Ausbreitung erfolgt also auch im Vakuum. Ein anderes Wort für derartige Energieformen ist „Strahlung". Um den Bereich der Lichtwellen abzugrenzen, verwendet man eine Darstellung wie in *Abb. 4.1.* Die Bezeichnung „Licht" müßte man eigentlich genauer mit „sichtbares Licht" umschreiben, denn nur Strahlung, die wir mit unseren Augen wahrnehmen können, ist damit gemeint. Ausgehend vom Bereich der Rundfunk- und Fernsehwellen liegt noch vor dem sichtbaren Licht die langwellige

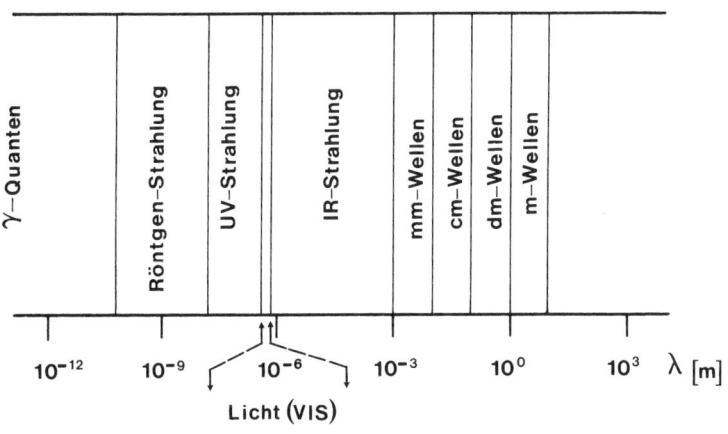

Abb. 4.1 Elektromagnetisches Spektrum

43

Infrarotstrahlung (IR). Für die Augen ist sie unsichtbar, wird von uns aber als Wärme empfunden. Innerhalb des sichtbaren Bereiches können wir die unterschiedlichen Wellenlängen als Farben trennen. Die dann folgende Ultraviolett-Strahlung (UV) ist wieder unsichtbar, bewirkt aber z. B. die Bräunung unserer Haut im Sommer. Werden die Wellenlängen noch kürzer, gelangen wir in die Zone der Röntgenstrahlung, die unseren Körper, abgesehen von den Knochen, nahezu ungehemmt durchläuft. Der Begriff γ-Quanten bezeichnet den Bereich der atomaren Strahlung, die beständig aus dem Weltraum her auf die Erde einwirkt, und unter anderem die Polarlichter auslöst.

Um den Bereich, der hier besonders interessiert, genauer darzustellen, verwenden wir die *Abb. 4.2*. Die Angabe der Wellenlängen in Exponentialschreibweise wie in *Abb. 4.1* ist allerdings etwas unhandlich. Daher verwendet man im Bereich der Lasertechnik und Optik die Einheit nm (Nanometer), das bedeutet 10^{-9} m. Lasersysteme gibt es im Bereich von ca. 300–11000 nm. Unser HeNe-Laser hat eine Wellenlänge von 632.8 nm, Halblei-

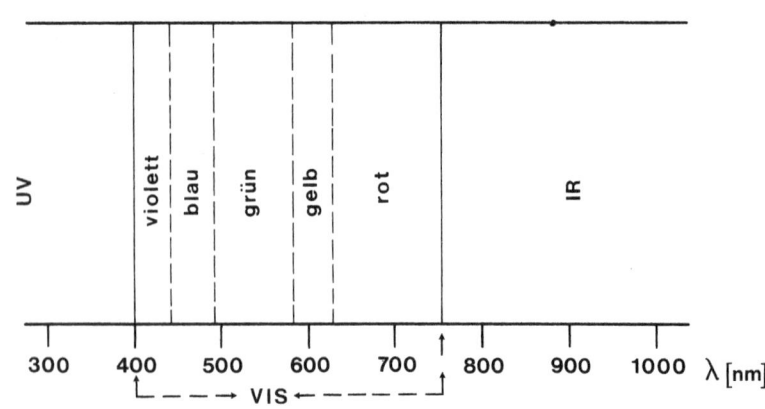

Abb. 4.2 Lichtspektrum

ter-Laserdioden, wie wir sie später einsetzen, liegen bei etwa 780 nm (CW) oder 940 nm (Impuls), also im IR-Bereich. Normale IR-LEDs, die wir zu Prüfzwecken benötigen, haben eine Wellenlänge von ca. 950 nm. Somit liegt unser Arbeitsgebiet zwischen etwa 400 und 1000 nm. Der sichtbare Bereich muß in vollem Umfang berücksichtigt werden, da unsere Empfangsschaltungen meist auch von Tageslicht getroffen werden und wir nur selten in totaler Dunkelheit arbeiten werden.

4.3 Quantentheorie

Der Begriff „Lichtstrahl" muß noch etwas erläutert werden. Wir haben bisher auch das Wort „Welle" dafür verwendet. Allerdings besteht ein nutzbarer Strahl nicht aus einer Welle allein, sondern aus vielen. Nun lassen sich nicht alle Effekte mit der Wellentheorie erklären. Daher hat man eine zweite Form der Beschreibung zuhilfe genommen und betrachtet, wo es besser paßt, eine elektromagnetische Welle als Teilchen. Der Name für das Teilchen ist „Photon" bzw. „Photonen" und erinnert ein wenig an das Elektron. In der Tat gibt es zwischen beiden eine ganze Menge vergleichbares.

Das Elektron ist der Träger der kleinstmöglichen Menge an elektrischer Energie. Alle größeren Mengen werden als Vielfache dieser Elementarladung aufgefaßt. Das Photon ist gewissermaßen das Gegenstück in der Strahlungslehre. Es stellt die kleinstmögliche Menge an Strahlungsenergie dar. Man nennt derartige Mindestmengenträger auch „Quanten". Genau wie bei dem Elektron wird eine größere Stahlungsmenge durch eine größere Anzahl von Photonen dargestellt. Wenn uns also Begriffe wie „Strahl oder „Strahlungsfluß" begegnen, so ist damit immer eine entsprechende Menge an sich bewegenden Photonen gemeint. Ein Fluß von Teilchen kann man sich auch ganz gut vorstellen. Unseren HeNe-Strahl kann man also entweder als eine Anzahl von Wellen oder als ein Teilchenstrom vorstellen, je nach dem was gerade besser zutrifft.

4.4 Ausbreitung

Will man beschreiben, wie sich die Strahlungsenergie ausbreitet, so ist die Wellentheorie geeigneter. Jegliche Strahlung geht immer von einer konkreten Quelle aus. Wir müssen zwischen ungerichten und gerichteten Quellen unterscheiden. Die erste Art, also z. B. unsere Sonne oder auch eine einfache Glühlampe, verbreitet ihre gesamte Strahlung gleichmäßig in alle Richtungen. Andere Quellen, wie eine LED oder ein Laser, strahlen von Prinzip her nur in eine Richtung ab; ein Effekt, den es bei natürlichen Lichtquellen grundsätzlich nicht gibt. Alle Lichtstrahlen breiten sich immer geradlinig aus. Nur eine einzige Kraft ist imstande, ihren Weg zu krümmen. In unmittelbarer Sonnennähe ist die Gravitation (Massenanziehung) so stark, daß sogar Lichtstrahlen verbogen werden. Da wir uns dort nicht befinden, ist der Weg eines Lichtstrahles immer geradeaus.

Die Geschwindigkeit, mit der sich die Lichtstrahlen von ihrer Quelle entfernen, ist mit 300 000 km/sec die höchste Geschwindigkeit, die wir kennen. Das Licht von der Sonne benötigt bis zur Erde etwa 8 Minuten, vom Mond zur Erde nur etwa 1 Sekunde. Sonne und Mond gehören allerdings zu zwei verschiedenen Arten von Lichtquellen. Die Sonne wird „Primärstrahler" genannt, da sie die Lichtenergie in ihrem Innern selbst erzeugt. Der Mond wird für uns nur sichtbar, weil die Sonne ihn beleuchtet und er ihre Strahlung „reflektiert". Daher gilt er, wie alle sonstigen nicht selbst leuchtenden Objekte auch, als „Sekundärstrahler". Wenn ein Sekundärstrahler das auftreffende Licht reflektiert, so kann das, wie bei einem Spiegel, nahezu vollständig geschehen. Die spektrale Zusammensetzung verändert sich dabei nicht. Sehr oft werden aber bestimmte Bereiche aus dem Spektrum nicht wieder zurückgeworfen, sondern gewissermaßen verschluckt; diesen Vorgang nennt man „Absorbtion". Auf diese Art entstehen alle Farben, die wir sehen können. Die Primärstrahler wie Sonne oder Glühlampe geben eine große Anzahl verschiedener Wellenlängen gleichzeitig ab. Man nennt sie daher „polychromatisch" (vielfarbig). Farbige Objekte „filtern" aus dem aufgestrahlten Spektrum durch Absorbtion alle Wellenlängen aus, die nicht ihrer Farbe entsprechen und reflektieren den Rest. Die beiden Farbextrema sind dabei: schwarz (alle Wellenlängen werden absorbiert) und weiß (alle Wellenlängen werden reflektiert). Das Sonnenlicht erscheint uns weiß, da es alle Farben in annähernd gleicher Intensität erzeugt. Unsere Augen und unser Gehirn machen aus diesem Gemisch (sinnvollerweise) kein scheckiges Durcheinander, sondern einen gleichförmigen, unfarbigen Helligkeitseindruck.

Wenn wir unseren HeNe-Strahl betrachten, so können wir zwei Eigenschaften unschwer erkennen: das abgestrahlte Licht hat nur eine Farbe, ein dunkles Rot. Man nennt es daher auch „monochromatisch" (einfarbig). Zum zweiten ist der Strahlverlauf eher schwer zu erkennen, der Auftreff (Reflexions-)punkt dafür um so besser. Alle Lichtstrahlen sind generell unsichtbar. Nur beim direkten oder reflektierten Einfall in unsere Augen können wir sie wahrnehmen. Die Tatsache, daß der Lichtstrahl bei Einblasen von Rauch in den Strahlengang sichtbar wird, ist kein Widerspruch zum eben gesagten, da die Moleküle des Rauches den Strahl teilweise reflektieren. Dabei wird aber zur gleichen Zeit ein Teil der ursprünglichen Energie abgezweigt, so daß der am Zielpunkt auftreffende Strahl dabei geschwächt wird. Auch wenn kein sichtbarer Rauch in der Luft ist, so wird dennoch jegliche Strahlung stets zu einem Teil von den Luftmolekülen abgelenkt oder absorbiert. Man nennt diesen Effekt „Streuung". Nur im Vakuum tritt das nicht auf.

4.5 Divergenz

Wenn wir unseren Strahl mit einem Schirm (Bauanleitung 12.1) auffangen, und dies einmal in ca. 1 cm Abstand von der Röhre versuchen, so können wir den Fleckdurchmesser bestimmen. Er wird etwa 1 mm betragen. Wiederholen wir das in 1 m Abstand oder mehr, so stellen wir fest, daß der Fleck größer wird, ca. 2–3 mm sind es bei 1 m Distanz. Man merkt dabei, das es wegen der großen Helligkeit der Flecken nicht so einfach ist, einen Rand zu lokalisieren. Den Vorgang der Aufweitung des Strahles nennt man „Divergenz". Sie entsteht aber nicht, weil der Strahl die Luft durchquert, sondern ist ein elementarer Vorgang, der bei jeder realen Lichtquelle zu beobachten ist.

Da unsere Laserröhre ein gerichteter Strahler ist, wollen wir die Zusammenhänge zuerst einmal an einer „idealen" und damit „punktförmigen" Quelle verdeutlichen. Die Sonne ist zwar alles andere als ein kleiner Punkt; da aber die Entfernung zwischen ihr und dem Meßort (der Erde) so enorm groß ist, kann man die Punktförmigkeit für optische Zwecke annehmen.

Die Sonne verteilt die Gesamtmenge ihrer Strahlung nach allen Seiten gleichmäßig. Dabei wird das Licht mit zunehmender Entfernung von ihr immer schwächer. Dieser Vorgang beruht aber nicht auf Absorbtion, weil da nichts ist, was die Strahlung aufhalten könnte (Vakuum), sondern, weil die vorhandene Gesamtmenge mit zunehmendem Abstand auf eine immer größer werdende Fläche verteilt wird. Da die Sonne selbst Kugelgestalt hat, können wir uns, für jeden beliebigen Abstand, eine weitere Kugelfläche (Hohlkugel) vorstellen, auf deren Oberfläche die Gesamtmenge der erzeugten Strahlung (Strahlungsfluß) gleichmäßig verteilt ist. Dabei wird die, für eine bestimmte Flächengröße z. B. 1 m^2 verbleibende Energie, immer weniger. Der Zusammenhang ist leicht zu merken, da er quadratisch abnimmt. Wird der Abstand zwischen Quelle und einem Meßort z. B. verdoppelt, so ist am neuen Empfangsort, auf einer identischen

Fläche, nur noch ein Viertel der vorher verfügbaren Energie nachweisbar. Die *Abb. 4.3* verdeutlicht das auf graphische Art. Der Fehler, der durch die ebene Darstellung (eigentlich Kugelausschnitt) entsteht, ist so klein, daß er vernachlässigt werden kann.

Auf den HeNe-Laser bezogen, gelten die gleichen Gesetze. Bei allen künstlichen Strahlungsquellen muß man allerdings ihren Anwendungszweck kennen, um zu beurteilen, ob die Divergenz eine positive oder eher negative Eigenschaf ist. Bei Lampen, die z. B. zur Raumbeleuchtung eingesetzt werden sollen, ist eine gleichmäßige Abstrahlung in alle Richtungen wohl sicher ein Vorteil, nicht aber bei einer Quelle, die auf große Entfernung von einem einzigen Empfänger aufgefangen werden soll. Da diese Aufgabenstellung für nahezu alle Arten von Nachrichten- oder Meßlasern gilt, wäre es besser, wenn die gesamte, von der Quelle erzeugte Strahlung auch am Empfangsort ankäme. Dafür müßte der Lichtstrahl auf einen möglichst kleinen Durchmesser „gebün-

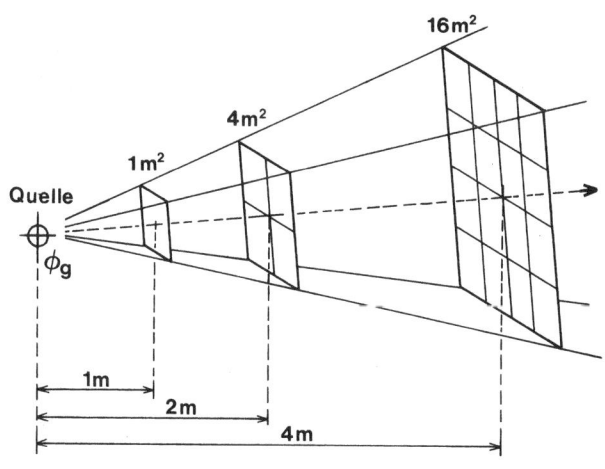

Abb. 4.3 Räumliche Ausbreitung

delt" werden. Die ideale Form ist der „Parallelstrahl", der überhaupt keine Divergenz aufweist. Dann wäre am Auftreffpunkt die gesamte Energie der Quelle verfügbar, von den unvermeidbaren Absorbtions- und Streuverlusten in der Atmosphäre einmal abgesehen. Ein echter Parallelstrahl ist aber aus einer Reihe von technischer und optischer Gründe niemals erzielbar. Der HeNe-Laser kommt allerdings dem Ideal doch recht nah. Er besitzt eine recht kleine Divergenz und strahlt seine gesamte Energie in eine Richtung ab. In der Lasertechnik ist die Maßeinheit für Divergenz das „Milliradian" (mrad), abgeleitet aus der größeren Einheit Radian (rad). Dieser Wert gibt an, welchen Öffnungswinkel ein Strahlbündel aufweist. Daraus kann man eine einfache Art der Fleckdurchmesser in einer beliebigen Entfernung ausrechnen. Ein Strahl mit 1 mrad Divergenz erzeugt in 1 km Abstand einen Fleck von 1 m Durchmesser. Andere Distanzen kann man linear ableiten. In 1 m Abstand sind es dann 1 mm Fleckdurchmesser, in 10 km wären es 10 m usw. In der *Abb. 4.4* ist die Definition noch einmal grafisch dargestellt.

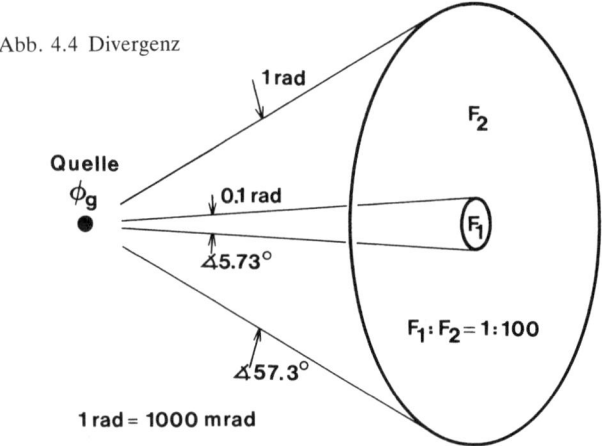

Abb. 4.4 Divergenz

1 rad

Quelle
ϕ_g

0.1 rad

∡5.73°

∡57.3°

1 rad = 1000 mrad

F_2

F_1

$F_1 : F_2 = 1 : 100$

Wir haben den Begriff „Fleckdurchmesser" bisher ohne jeden Kommentar verwendet, aber schon bemerkt, daß der Rand eines Fleckes nicht so klar abgegrenzt werden kann. Dies ist zum Teil in der großen Helligkeit begründet. Bei einem wesentlich größeren Abstand (10 m) ist zwar der Fleck größer und dadurch dunkler; einen exakt scharfen Rand gibt es aber dennoch nicht. Die Erklärung liegt in der Tatsache, daß der Fleck nicht überall gleichmäßig hell ist, sondern das hier eine Struktur enthalten ist, die mit dem bloßen Auge allerdings nicht nachgewiesen werden kann. Wir werden mit Hilfe einer Fotodiode dieser Verteilung nachgehen, müssen aber zuvor einen Trick anwenden, damit wir auf der optischen Bank arbeiten können und nicht in 10 m Distanz. Für die Untersuchung muß der Fleckdurchmesser aber mindestens 10 mm betragen. Es gibt ein einfaches Mittel, die Divergenz des ursprünglichen Strahles soweit zu vergrößern, daß diese Fleckgröße zustande kommt. Eine solche „Aufweitung" des Strahles können wir mit einer „Linse" erreichen. Linsen sind die wohl bekanntesten unter den Glasbauteilen der Optik, und als Brille oder Lupe wohl schon jedem begegnet. Aus der großen Formenvielfalt der Linsen sind für uns momentan nur die „Bikonvexlinsen" wichtig. Diese werden zum Rand hin dünner als in der Mitte und haben sammelnde Eigenschaften. Die *Abb. 4.5* zeigt die Form und die grundlegende Funktion. Fallen (idealisiert) parallele Lichtstrahlen senkrecht auf eine der Flächen, so werden sie auf der anderen Seite im sogenannten „Fokuspunkt" gesammelt und damit konzentriert. Damit wir die Linse benutzen können, muß sie in einer „Fassung" befestigt werden die zu unserer optischen Bank paßt. Im Teilesatz gibt es eine bereits gefaßte Linse mit der Kennzeichnung 40/30. Die erste Zahl nennt die „Brennweite" und die zweite den (nutzbaren) Durchmesser.

Wie in der Zeichnung dargestellt, bezeichnet die Brennweite den Abstand vom Linsenmittelpunkt zum Fokuspunkt, den man auch mit „Brennpunkt" bezeichnet. Da der Mittelpunkt der Linse für mechanische Messungen nicht zugänglich ist, wird noch das

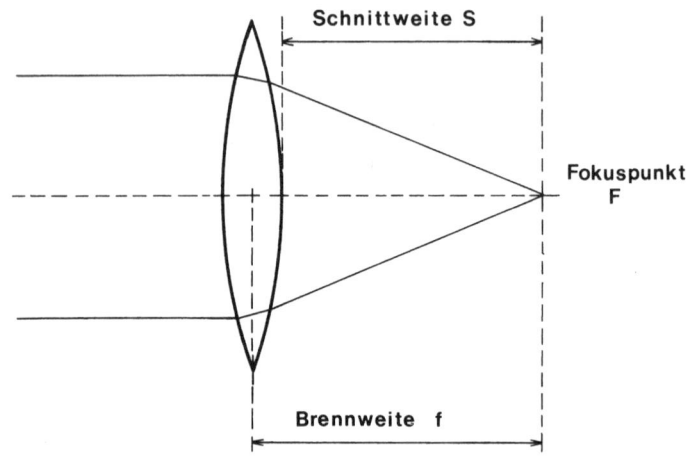

Abb. 4.5 Strahlengang einer Bikonvexlinse

Maß der „Schnittweite" angegeben. Diesen Abstand vom Hochpunkt der Krümmung bis zum Fokuspunkt kann man, mit geeigneten Mitteln, gut nachmessen.

4.6 Linse und Strahlengang

Für das folgende Experiment benötigen wir den Schirm aus der Bauanleitung 12.1 und den XY-Halter nach 12.2. Wir setzen den Schirmhalter auf die XY-Einrichtung auf und plazieren ihn in etwa 1 m Abstand (am Ende der Grundplatte), wie *Abb. 4.6* zeigt. Die Linse lassen wir für den Moment noch beiseite. Wenn wir den Laser in Betrieb setzen, dann wird der Strahl vom Schirm aufgefangen. Die XY-Halterung kann jetzt nachgestellt werden, so daß der Fleck im Mittelpunkt des Schirmes landet. Die Größe des Punktes ist jetzt 2–3 mm; das kennen wir ja schon. Wird nun die

Abb. 4.6 XY-Halter mit Schirm

Linse 40/30 in etwa 50–60 mm (unkritisch) Entfernung vor die Laserröhre gesetzt, so weitet sich der abgebildete Fleck bis etwa 10 mm auf. Da die Linsenfassung einseitig offene Bohrungen für die Stangen hat, braucht man für das Aufsetzen die Bank nicht zu öffnen. Für die Untersuchung der Linsenfunktion setzen wir diese jetzt auf den XY-Halter um. Mit einem hinreichend langen Profilstück oder einem Flachmaterial wird der Anschlag für den Halter gebildet. Damit ist eine Bewegung quer zum Strahl möglich, ohne den Abstand zu verändern. Der Aufbau müßte jetzt der *Abb. 4.7* entsprechen. Wird der Halter mittig zum Strahl gestellt, so landet er auf dem Schirm, ohne abgelenkt zu werden.

Verschieben wir den Aufbau seitlich, so wird der Strahl an jeder beliebigen Position stets zum Fokuspunkt „gebrochen". Wenn der Abstand zwischen Linse und Schirm dabei genau der Brennweite entspricht, dann sehen wir, daß die Position des

Abb. 4.7 XY-Halter mit Linse und Schirm

Lichtpunkts sich beim Bewegen des Aufbaus im Strahl nicht verändert. Bei einem größeren oder kleineren Abstand von der Linse wird eine mehr oder weniger große Bewegung des Fleckes die Folge sein. Die Bewegungsrichtung ist dabei gegenläufig zu unserer Verschiebung des Aufbaus. Wenn eine derartige Linse für eine optische Abbildung (z. B. Fotoapparat) eingesetzt wird, dann kehrt sie auch das Bild um. Nehmen wir den XY-Halter von der Grundplatte ab und richten ihn mit der Linse nach vorn auf ein Fenster, dann wird bei richtigem Anstand von Linse und Schirm das Fenster scharf auf dem Schirm abgebildet. Die Bildschärfe ist allerdings nicht sehr gut, da es sich hier um eine recht einfache Linse handelt. Wird der Aufbau nun wieder auf die Grundplatte gestellt ohne die Positionen der Linse zum Schirm zu verändern, so stimmt auch hier der Fokuspunkt. Für einen Einzelstrahl und ein Bild gibt es also nur einen Brennpunkt. Wir verschieben den XY-Halter nun so, daß der Strahl die Linse ganz nah am Rand trifft und nehmen dann den Schirm ab. Dann halten wir ihn in etwa 10 cm Entfernung hinter die Linse. Der Strahl wird wieder zum Fokuspunkt hin gebrochen und landet danach in gerader Linie auf dem Schirm. Die *Abb. 4.4* zeigt das nicht, das normalerweise im Fokuspunkt ja eine Sende- oder Empfangs- diode angeordnet ist. Beim Verschieben an den anderen Rand zeigt sich, daß der Weg, den der Punkt dabei zurücklegt, größer ist als der Linsendurchmesser. Wir sehen also, daß eine Sammel- linse durchaus auch zur Vergrößerung des Lichtfleckes benutzt werden kann; dabei ist stets nur der Abstand vom Fokuspunkt entscheidend.

Die Eigenschaften der Linse sind natürlich auf ihrer gesamten Oberfläche gleich. Im vorgenommenen Experiment sehen wir davon stets nur einen kleinen Ausschnitt. Damit ein räumliches Bild entsteht, müßten wir einen Lichtstrahl von minimal 30 mm Durchmesser haben, und daß wäre doch recht aufwendig. Es bleibt noch nachzutragen, warum der HeNe-Strahl selbst beim Verlassen der Linse aufgeweitet wird. Diesen Effekt konnten wir bei den letzten Versuchen nicht mehr sehen, da wir uns stets im Nahfeld knapp hinter der Linse bewegt haben. Der Laserstrahl ist ja nicht unendlich dünn, sondern er hat schon vor der Linse einen bestimmten Durchmesser (1 mm). Da die Oberfläche der Linse stetig gekrümmt ist, wird jedes noch so dünne Strahlbündel gemäß ihren Gesetzmäßigkeiten verändert. Die Strahlen werden in Richtung Fokuspunkt gebrochen. Nur in der unmittelbaren Umgebung des Zentrums findet keine Ablenkung statt. Das Zentrum ist aber ein geometrisch unendlich kleiner Punkt, der auf jeden Fall kleiner ist als das dünnste technisch machbare Lichtbündel. Deshalb trifft ein realer Strahl stets auf eine gekrümmte Oberfläche. Ist er hinreichend dünn, wie unser Laser- strahl und gleichzeitig gut zentriert, dann wird zwar nicht das ganze Bündel abgelenkt, aber dennoch in sich auf den Brennpunkt fokussiert; es wird also vorerst noch dünner. Nach dem Verlassen des Fokuspunktes weitet es sich dann jedoch wieder auf. Wird der Strahl nicht mittig zugeführt, dann erfährt er zusätzlich zur Aufweitung noch eine, ebenfalls auf den Fokuspunkt gerichtete Ablenkung. Jedes Strahlbündel wird also zumindest aufgeweitet und der Fleck, der beim Auffangen erscheint, vergrößert sich mit zunehmendem Abstand von der Linse. Der Winkel, auf den der eintretende Strahl aufgeweitet wird, ist abhängig von der Linsenbrennweite. Je kleiner die Brennweite, desto größer die Aufweitung.

Mit der Funktion der Linse sind wir nun hinreichend bekannt. Der Aufbau kann wieder in den Grundzustand versetzt werden, d.h. die Linse wird wieder vor den HeNe-Laser gesetzt. Damit ist am Ende der Grundplatte der gewünschte 10 mm-Fleck vorhanden, dessen Struktur wir ja ursprünglich untersuchen wollten. Durch den Einsatz der Linse kann nun nicht mehr der Originalstrahl des Lasers, sondern nur noch der aufgeweitete Strahl vermessen werden. Das ist aber kein Nachteil, da es nicht um die Beurteilung des HeNe-Strahles gehen soll, sondern um die prinzipielle Vorgehensweise bei der Vermessung des „Strahlprofiles". So nennt man die Darstellung der inneren Strukturierung eines Strahles. Da mit dem bloßen Auge wohl nichts mehr ausgerichtet werden kann, müssen wir die Aufgabe mit meßtechnischen Mitteln angehen. Dafür wird zu allererst einmal ein Bauelement aus der Gruppe der „Fotoempfänger" benötigt, mit dem aus der strahlungstechnischen Größe Licht die besser handhabbare elektrische Größe Spannung bzw. Strom erzeugt werden kann.

4.7 Kohärenz

Einer ganz speziellen und charakteristischen Eigenschaft der Laserstrahlung, der „Kohärenz", seien hier nur einige Worte gewidmet, da es sich um ein schwer faßbares Phänomen handelt.

Eine Glühlampe ist eine chaotische Lichtquelle, da sie viele Wellenlängen unterschiedlicher Frequenz und Phasenlage abstrahlt. Selbst die Wellen einer Frequenz sind niemals synchron. Beim Laser haben alle Wellen (vereinfacht) die gleiche Frequenz und Phasenlage. Man nennt das „zeitliche Kohärenz". Da die Phasenbeziehungen auch bei zunehmendem Abstand von der Quelle konstant sind, gibt es auch die „räumliche Kohärenz".

5 Fotoempfänger

5.1 Aus Licht wird Strom

Es gibt eine ganze Anzahl von Bauelementen aus unterschiedlichen Ausgangsmaterialien, die man prinzipiell als „Fotoempfänger" bezeichnen könnte. Ihr gemeinsames Kennzeichen ist die Freisetzung von Elektronen beim Auftreffen von Photonen auf ihre lichtempfindliche Oberfläche. Die Einteilung der verschiedenen Bauarten erfolgt in „aktive" und „passive" Typen. Die aktiven Arten (Fotoelemente, Solarzellen) sind echte Spannungsquellen, vergleichbar mit Batterien. Passives Verhalten zeigen Bauelemente, wie z.B. der Fotowiderstand (LDR), dessen Widerstand belichtungsabhängig ist, der aber keine Spannung generieren (erzeugen) kann. Ähnliches gilt für die Fototransistoren, obwohl Transistoren sonst als aktive Bauelemente eingeordnet werden. Die Gruppe der „Fotodioden" bezeichnet jene Bauteile, die sowohl aktiv als auch passiv genutzt werden können. Bei ihnen ist die Verhaltensweise von äußeren Umständen abhängig; man nennt das die „Betriebsart". Nur die Fotodioden sind im Zusammenhang mit der Lasertechnik von Bedeutung.

5.2 Fotodioden

Wie der Name schon sagt, haben Fotodioden viele Gemeinsamkeiten mit herkömmlichen Dioden. Auch normale Dioden sind prinzipiell lichtempfindlich. Da dieser Effekt aber ihre normale Funktion überlagern würde, sind die Gehäuse meist lichtdicht. Als Ausgangsmaterial dienen bei Fotodioden Silizium, Germa-

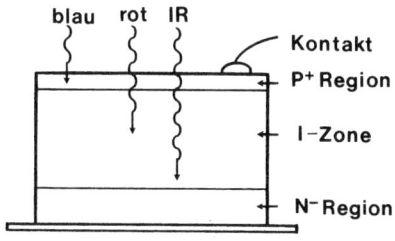

Abb. 5.1 Prinzipaufbau einer PIN-Fotodiode

nium und auch Galliumarsenid. Die Grundstruktur ist immer ein
pn-Übergang, der so angelegt ist, daß eine der Schichten für das
auftreffende Licht möglichst transparent ist, damit die eintretende Strahlung bis in die I-Schicht gelangen kann. Dort wird
vorwiegend die Freisetzung von Elektronen durch Photonen voll-
zogen. Die *Abb. 5.1* zeigt den Prinzipaufbau.

Normalerweise sind bei Transistoren und Dioden die P- und die
N-Schicht direkt aneinander gelegt. Die hier zusätzlich eingefügte
I-(intrinsic = innerlich)Schicht ist im Vergleich zu den beiden
anderen Regionen nur sehr schwach dotiert, und hat mit $10\,\Omega$ bis
$10\,k\Omega/cm$ einen eher isolierenden Charakter gegenüber dem Wert
von $0,1\,\Omega/cm$ für die P- bzw. N-Zone. Die trennende Zone
bewirkt eine räumliche Ausweitung der Sperrschicht, und führt so
zu einer erheblichen Verbesserung von Empfindlichkeit, Linearität und Grenzfrequenz. Die Vorzüge der PIN-Fotodioden gegenüber solchen mit einfachen PN-Übergängen sind so erheblich,
daß in der Halbleiter-Lasertechnik ausschließlich diese eingesetzt
werden. Aus dem großen Angebot an PIN-Dioden wurde die
Siemens-Type BPW34 (TS) ausgewählt, da sie sehr preiswert ist
und für unsere Zwecke vollkommen ausreicht. Das mehrseitige
Datenblatt (TS) weist eine Fülle von Einzeldaten und Zusammen-
hängen auf. Wir werden nun schrittweise die für uns wesentlichen
Eigenschaften kennenlernen.

5.3 Silizium und Germanium

Die Hauptaufgabe jeder Fotodiode ist die Umwandlung von Licht in Strom, genauer gesagt, die Freisetzung von Elektronen durch Photonen. In *Abb. 5.1* sind als Beispiel drei Strahlen unterschiedlicher Wellenlänge eingezeichnet. Die „Eindringtiefe" erhöht sich Richtung des Infrarot-Bereiches. Dadurch wird die notwendige Energie für die Freisetzung von Ladungsträgern geringer und damit die „Fotoempfindlichkeit" für diese Wellenlängen größer. Jenseits eines Bereiches von etwa 800–900 nm sinkt jedoch die optische Durchlässigkeit des Siliziums recht schnell ab, so daß dann wieder eine verringerte Empfindlichkeit die Folge ist. Mit anderen Ausgangsmaterialien, z.B. Germanium, läßt sich die Grenze noch weiter in den Infrarotsektor vorschieben. Bei der zahlenmäßigen Angabe der Fotoempfindlichkeit muß also immer die jeweilige Wellenlänge mitangegeben werden. Bei der vergleichenden Betrachtung von Silizium und Germanium ist zusätzlich zu berücksichtigen, daß bei gleicher Wellenlänge, die Effektivität (Quantenausbeute) von Germanium ca. 30% geringer ist als bei Silizium. Der Vorteil der Einsetzbarkeit bei größeren Wellenlängen wird dadurch zum Teil wieder gemindert. Im für uns wichtigen Bereich von 600 bis ca. 1000 nm ist also eine Si-PIN-Fotodiode wie die BPW34 die richtige Wahl, zumal Ge-Typen ganz erheblich teurer sind.

5.4 Empfindlichkeit

Die Angabe der Fotoempfindlichkeit (engl. „responsivity" [R]) kann in mehreren Maßeinheiten erfolgen, wird im deutschen aber immer mit dem Buchstaben „S" gekennzeichnet.

Als Maßeinheit benutzen wir den Ausdruck „Ampere pro Watt", in der Abkürzung A/W. In der Lehre von der Lichtmeßtechnik, der sogenannten „Photometrie", gibt es eine große

Anzahl von Maßeinheiten und Bezeichnungen für die Intensität von Strahlung. Diese haben alle ihre Berechtigung, sind aber, aus historischen Gründen, bis auf einige wenige alle auf das menschliche Auge als Empfänger ausgerichtet. Da in der Lasertechnik, mit einer Ausnahme (Medizin), nun (hoffentlich) nie unsere Augen als Ziel anvisiert werden, ist eine Maßeinheit zu wählen, die den meßtechnischen Aufgaben am besten gerecht wird, ohne allzu umfangreiche Mathematik zu erfordern. Da die Ausgangsleistung von Lasern, insbesondere die der Halbleitertypen, stets in Watt bzw. den entsprechenden Untereinheiten angegeben

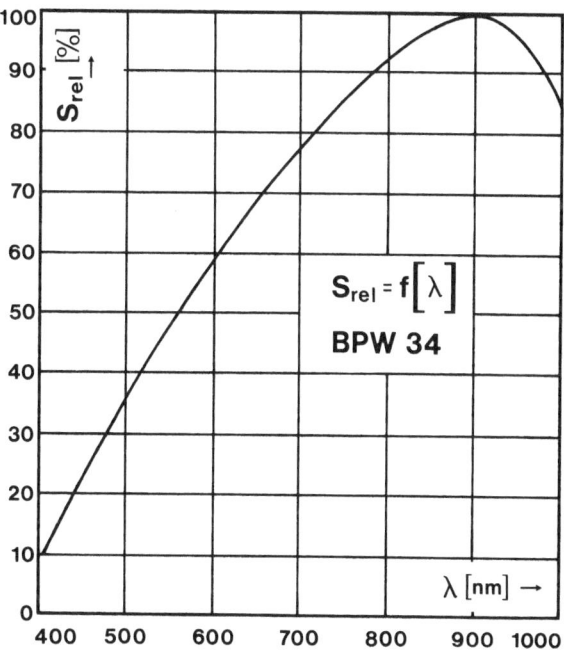

Abb. 5.2 Spektrale Empfindlichkeit der BPW 34

wird, ist die empfangsseitige Umsetzung in A/W am geeignetsten. So kann auf der gesamten Übertragungsstrecke zwischen Sender und Empfänger mit der Leistung (W) oder auch mit W/m^2 etc. gerechnet werden. Da eine Fotodiode die Strahlungsleistung in Strom (A) umwandelt, der dann weiter verarbeitet werden kann, ist eine direkte zahlenmäßige Beziehung hergestellt. In der *Abb. 5.2* ist die erwähnte Abhängigkeit der Empfindlichkeit von der Wellenlänge als relative Funktion abgebildet. Für die Auswertung einer solchen Kurve braucht man noch eine konkrete Zahlenangabe, z. B. $S_{900} = 0,6$ A/W. In Worten bedeutet das:

Wenn die Strahlungsleistung von 1 W auf die Fläche der Diode aufgestrahlt wird, dann ist ein Strom von 0,6 A die Folge. Dabei ist es unerheblich, ob der auftreffende Strahl sehr dünn ist (HeNe-Laser direkt) oder die Fläche der Diode vollkommen ausleuchtet. Die Größe der „aktiven" Fläche ist somit für die Angabe der Empfindlichkeit nicht entscheidend, wohl aber für die jeweilige Aufgabenstellung.

5.5 Aktive Fläche

Wollen wir die gesamte, von der HeNe-Röhre ausgesandte Strahlung messen, also eine sogenannte „integrierende" (zusamenfassende) Bestimmung vornehmen, dann könnte die verwendete Fotodiode recht klein sein, da unser Strahl weniger als 1 mm Durchmesser aufweist. Soll dagegen in einer recht großen Entfernung vom Laser, aus dem durch die Divergenz auf eine große Fläche aufgeweiteten Strahl, möglichst viel Energie aufgefangen werden, so wäre eine große aktive Fläche der Diode wünschenswert. In der Praxis werden Fotodioden mit Durchmessern von 0,2 bis 100 mm hergestellt. Gemeint ist auch hier die „aktive" Fläche, also jener Anteil der gesamten Oberfläche, der zur Aufsammlung von Strahlung imstande ist. Die ganze Diode (der „Chip") kann durchaus etwas größer ausfallen, da durch die notwendige Kontaktierung (Draht, aber auch Ringelektroden) stets Fläche abgedeckt wird. Insbesondere bei sehr kleinflächigen Typen ist der Verlust nicht unerheblich. Warum aber überhaupt kleine Dioden, wenn doch auf den ersten Blick eine große Empfangsfläche vorteilhaft erscheint? Eine große Fläche bedeutet zwar die Einsammlung von viel Strahlungsenergie, leider aber auch eine große „Diodenkapazität". Jeder PN-Übergang (auch PIN) hat ja eine Kapazität (Plattenkondensator), die flächenabhängig ist. Diese Kapazität stört zwar bei der Messung statischer Energien kaum, wohl aber bei der Hauptaufgabe, dem Empfang modulierter oder impulsförmiger Lichtsignale. Große Dioden haben daher eine geringere obere „Grenzfrequenz" und sind für die Halbleiter-Lasertechnik nicht geeignet. Zudem sind sie in der Herstellung komplizierter und dadurch erheblich teurer.

5.6 Betriebsarten

Die hier verwendete Fotodiode BPW 34 hat eine quadratische Fläche von $2{,}71 \times 2{,}71$ mm, also $7{,}34$ mm^2 und liegt damit in der Zone von 1–10 mm^2, die in der Praxis am meisten benutzt wird. Wie schon am Kapitelanfang erwähnt, kann man Fotodioden in unterschiedlichen Schaltungsanordnungen betreiben und damit die Funktionsweise bestimmen. Die *Abb. 5.3* zeigt die Prinzipschaltungen. Den sogenannten „Sperrbetrieb" (B) werden wir später kennenlernen. In der „photovoltaischen Betriebsart" (A) wirkt die Diode ähnlich wie eine Solarzelle. Die einfallende Lichtenergie wird in elektrische Energie umgewandelt. Der außen angeschlossene „Arbeitswiderstand R_L" bestimmt durch seine Größe, ob eine möglichst hohe Spannung (Leerlauf) oder ein möglichst hoher Strom (Kurzschluß) die Folge ist. Die beiden Varianten nennt man „Spannungs- bzw. Stromanpassung". Der linear Spannungsbereich ist relativ klein und eignet sich für die

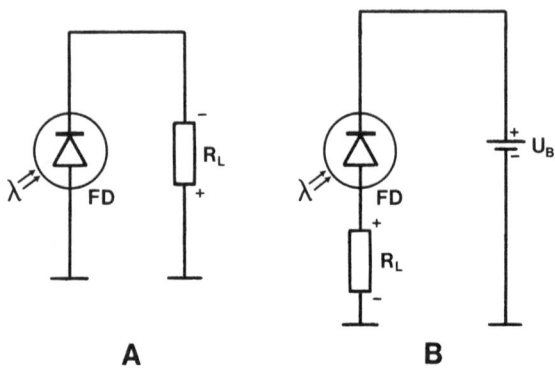

Abb. 5.3 Betriebsschaltungen der PIN-Fotodiode

meßtechnische Auswertung nicht sehr gut. Benutzt man die Fotodiode im „Kurzschlußbetrieb" und mißt die Stromstärke, dann
ergibt sich über viele Dekaden ein linearer Zusammenhang von
Strahlungsintensität und Diodenstrom. Im Datenblatt der BPW
34 zeigt das Bild 1066 die Kurven für $I = f(E_v)$ und $U = f(E_v)$. Die
Darstellung der I-Kurve bricht unterhalb von etwa 0,5 µA ab. Das
begründet sich durch einen, auch bei völliger Dunkelheit stets
vorhandenen „Dunkelstrom", der dem Leckstrom einer herkömmlichen Si-Diode entspricht. Am anderen Kurvenende ist
ebenfalls ein abrupter Schlußpunkt zu sehen, etwa bei 2,5 mA.
Dieser Wert markiert den „Sättigungsstrom" der Fotodiode. Jenseits dieser Grenze kann eine lineare Beziehung zwischen Strah-
lungsmenge und Fotostrom nicht mehr erwartet werden, da
bereits alle verfügbaren Elektronen freigesetzt worden sind. Der
nutzbare Bereich für den Fotostrom, der „Dynamikbereich" also,
liegt zwischen 0,5 und 2500 µA, das Verhältnis ist damit 1 zu 5000.
Da man in der Praxis sicherlich nie ganz nah an die Bereichsgren-
zen herangehen wird (Toleranzen!), ergibt sich ein linearer

Zusammenhang für mindestens 3 Dekaden. Das ist ein recht guter Umfang, der für unsere Zwecke ausreicht; bessere (teurere) Fotodioden erreichen allerdings 6 und mehr Dekaden, was sich vor allem durch einen wesentlich kleineren Dunkelstrom (bei gleicher Fläche) erklärt. Auch eine Ausweitung der oberen Grenze ist möglich. Dioden mit mehr Fläche weisen einen höheren Sättigungsstrom auf, können also größere Strahlungsmengen umsetzen, haben aber gleichzeitig auch einen größeren Dunkelstrom. Eine Fotodiode ist also ein Kompromißgebilde, wie alle anderen Bauteile auch. Daher sind bei den professionellen Anwendern stets mehrere Typen im Einsatz, um den unterschiedlichen Meßaufgaben gerecht zu werden.

6 Leistung und Strahlprofil

6.1 Vorarbeiten

Wir verwenden vorerst nur einen Typ von Fotodiode, die BPW 34. Für den praktischen Einsatz müssen wir einen Aufbau haben, der den Betrieb auf der Optischen Bank ermöglicht. Um die Zahl der notwendigen Platinen im Rahmen des Buches gering zu halten, wurde eine universelle Platine (TS) entworfen, die für beide Betriebsarten einsetzbar ist. Vorerst benötigen wir aber den Aufbau gemäß der Bauanleitung 12.3 in der Version „A". Damit können wir dann die Leistung des HeNe-Lasers bestimmen und anschließend eine Vermessung des Profiles unseres aufgeweiteten Strahles vornehmen und das Experiment aus dem Kapitel 4.6 weiterführen.

Bauteileliste Kapitel 6

- HeNe-Laser und Optische Bank
- Gefaßte Linse 40/30
- XY-Halter nach 12.2
- Fotodioden-Platine nach 12.3 Version „A"
- DVM und Oszilloskop
- Kabel und Adapter
- Millimeterpapier

Die Optische Bank muß für die neuen Experimente umgebaut werden. Anstelle des Auffangschirmes setzen wir die fertige FD-Platine auf den XY-Halter. Der bisherige Abstand zur Stangenbank wird aber nicht verändert.

Der Lastwiderstand (R_L) für die Fotodiode ist nicht im Layout der Platine vorgesehen, da sein Wert öfter geändert wird. Das geht am einfachsten mit einer Reihe von BNC-Adaptern, wie in *Abb. 6.1* unten links dargestellt. Für die folgenden Messungen benötigen wir Digital-Voltmeter und Oszilloskop.

Es ist nicht ratsam, das Voltmeter gleichzeitig (parallel) zum Oszilloskop anzuschließen, da die meisten DVM eine doch ganz erhebliche Störspannung an ihren Eingangsklemmen erzeugen. Diese Störungen sind bei den hier zu messenden Potentialen im mV-Bereich recht gravierend und auf dem Schirm somit deutlich zu sehen. Die Abtrennung der DVM-Leitungen erfolgt am besten stets zweipolig, da einseitig hochliegende Meßkabel 50 Hz-Felder einsammeln (auch Massekabel!). Da der Wandler des HeNe-Lasers auch einiges an Störstrahlung produziert, muß die Stangenbank bei allen oszilloskopischen Messungen immer über eine möglichst kurze Kabelverbindung an der Massebuchse des Sichtgerätes geerdet werden. Der bankseitige Anschlußpunkt für diese Leitung ist ebenfalls in *Abb. 6.1* unten rechts zu sehen. Nur durch alle diese Maßnahmen ist es möglich, Spannungen von 20 mV und weniger hinreichend störungsfrei darzustellen.

Wie in *Abb. 5.3* eingezeichnet, ist die Polarität der Signalspannung bei den beiden Schaltungsversionen für den Betrieb der Fotodiode entgegengesetzt. Zur Vereinfachung wurde daher die Subclic-Buchse für den „A"-Betrieb so gepolt, daß sich eine positive Signalspannung (gegen Masse) ergibt, genau so wie später in der „B"-Version. Für die erste Messung wollen wir nun den HeNe-Laser ausgeschaltet lassen und noch keinen Lastwiderstand in den 4 mm-Adapter einbauen. Wir betreiben die Fotodiode also im Leerlauf (Spannungsanpassung).

Die klappbare Blende wird erst einmal beiseite geschwenkt, so daß die Fotodiodenfläche vollständig frei liegt. Je nach Räumlichkeit und Tageszeit werden wir, mit dem DVM (1,000 V), eine Spannung von einigen mV messen, die nur dann auf Null abfällt, wenn die Fotodiode vollständig zugedeckt wird. Das in der Praxis immer vorhandene Umgebungslicht bewirkt also schon einen merklichen Fotostrom, zumindest in dieser Betriebsart. Damit

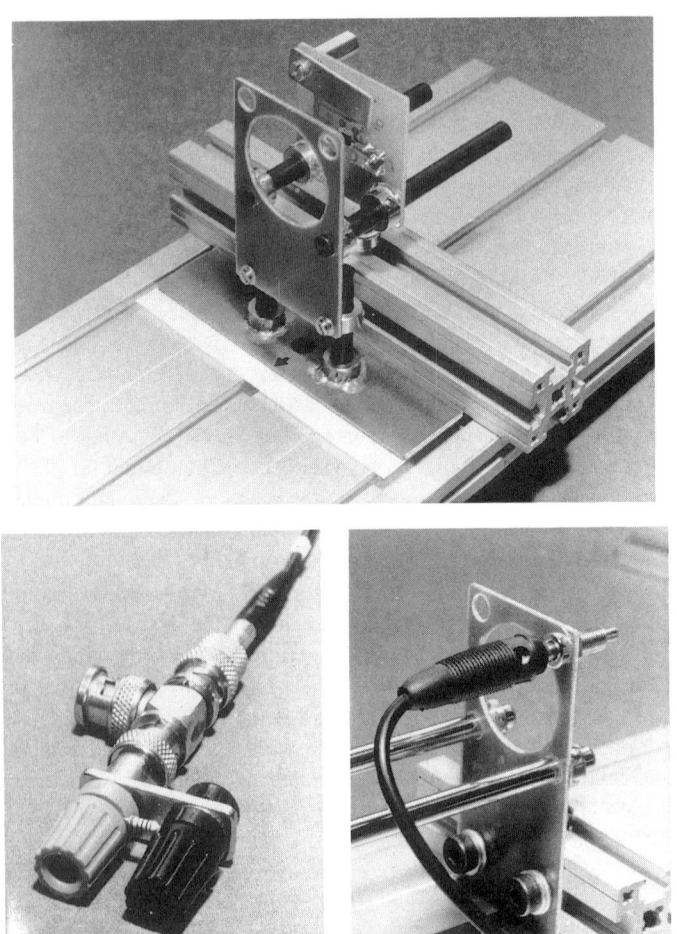

Abb. 6.1 XY-Halter mit FD-Kopf, BNC-Adapter und Erdung

begegnen wir erstmals in unseren Experimenten einem Umstand, der uns zukünftig immer wieder beschäftigen wird, der sogenannten „Hintergrundstrahlung" (engl. background). Da der Umgang mit optischen Systemen in der Praxis nur selten in totaler Dunkelheit erfolgen kann, müssen die Einflüsse des Umgebungslichtes stets berücksichtigt werden. Zumindest bei präzisen Messungen über längere Zeiträume kann aber kaum vorausgesagt werden, daß sich das Raumlicht nicht ändert (Sonnenstand, etc.). Dann bleibt nur die künstliche Verdunkelung als Abhilfe. Für kurzzeitige Versuche sollte man einer Faustformel folgen: das unerwünschte Licht darf nicht mehr als 1–2% des jeweiligen Meßwertes betragen. Sind die Anteile höher, so muß durch eine andere Beleuchtung Abhilfe geschaffen werden. Wir können diese Regeln gleich einmal nachprüfen, wenn wir den HeNe-Laser einschalten. Die Linse wird aus dem Aufbau entfernt und der XY-Halter gegebenenfalls nachgestellt, bis der Strahl mittig auf der Fläche der Fotodiode auftrifft. Die gesamte vom Laser emittierte Strahlungsenergie wird damit auf die Diode konzentriert, da der Strahl ja in dieser Entfernung nur etwa 1–2 mm Durchmesser aufweist, die Diode aber etwa $3 \times$ mm Kantenlänge hat. Die abgegebene Spannung wird jetzt 350 bis 500 mV betragen. Decken wir den Laserstrahl (in der Nähe der Röhre) ab, dann erhalten wir wieder den Wert für die Umgebungsstrahlung, wie zuvor.

Vom Verhältnis der beiden Spanungen ist es abhängig, ob wir die Raumbeleuchtung ändern müssen. Es hat sich in optischen Laboratorien bewährt, auch am Tage stets die Fenster zu verdunkeln und mit einer leicht erreichbaren Tischbeleuchtung zu arbeiten, die man gegebenenfalls auch noch ausschalten kann. Falls man während eines Experimentes nichts am Aufbau verändern muß, kann der Strahlengang auch mit einem schwarzen Tuch abgedeckt werden.

6.2 Leistungsbestimmung

Mit dem jetzt vorliegenden Aufbau können wir die Leistung des HeNe-Strahles bestimmen, wenn die Betriebsart der Fotodiode geändert wird. Der Spannungsbetrieb eignet sich dafür nicht wegen des geringen Dynamikbereiches. Die Umstellung auf den Kurzschlußbetrieb erreichen wir durch den Einbau eines Lastwiderstandes in dem 4 mm-Adapter. Die Bezeichnung „Kurzschluß"-Betrieb ist nicht so wörtlich zu verstehen. Der Widerstand R_L müßte dann ja tatsächlich „0 Ω" betragen. Damit ist aber keine Messung möglich. In der Praxis genügt es, einen Widerstandswert zu wählen, der deutlich kleiner ist (max. $\frac{1}{10}$) als der jeweilige Innenwiderstand der (beleuchteten) Fotodiode. Die Größe von R_I können wir aus dem schon zitierten Diagramm 1066 ablesen. Der (mittlere) Spannungswert von 400 mV schneidet die I-Kurve bei 30 µA. Das entspricht einem Innenwiderstand von etwa 13 kΩ. Mit einem Meßwiderstand von 1 kΩ ist die obige Bedingung erfüllt. Wir setzen also einen solchen Widerstand ein und danach bestimmen wir den Strom indirekt durch Spannungsmessung mit dem DVM. Die Spannung wird wieder zwischen 300 und 400 mV liegen, aber deutlich unter dem Wert ohne Lastwiderstand. Damit ergibt sich ein Photostrom I_P von z. B. 350 µA. Damit wir nun die Leistung des HeNe-Lasers bestimmen können, bedarf es eines genauen Wertes für die „Fotoempfindlichkeit" der Fotodiode bei ca. 630 nm. Aus dem Datenblatt der BPW geht eine Empfindlichkeit von 0,62 A/W$_{850 nm}$ hervor. Diese Zahl müssen wir aber auf die Wellenlänge von 630 nm korrigieren. Das geht mit dem Diagramm 0961 aus dem gleichen Datenblatt. Der Wert für 850 nm ist etwa 95% der Kurve. Für 630 nm sind es etwa 65%. Daraus errechnet sich ein Abfall der Empfindlichkeit von ca. 68%. Damit wird dann $S_{630} = 0,42$ A/W. Die Leistung E des Laserstrahles ergibt sich dann nach der Formel:

$$E = \frac{I_P}{S_{(\lambda)}}$$

Mit den oben angenommenen 350 µA errechnen sich damit 833 µW Strahlungsleistung. Das ist ein typischer Mittelwert für die Röhren dieser Bauteile, da eine Mindestleistung von 0,5 mW vom Hersteller garantiert wird, in der Praxis aber Leistungen bis 1 mW (= 1000 µW) erreicht werden. Die oben gezeigte einfache Art der Bestimmung der spektralen Empfindlichkeit ist leider mit einem Meßfehler von bis zu ± 20% behaftet, da die Streuung der Absolutempfindlichkeit der Fotodioden herstellungsbedingt so groß ausfällt. Es ist zwar möglich, die Dioden als einzeln vermessene Exemplare (kalibrierte Fotodioden) zu beziehen, die damit verbundenen Kosten sind allerdings recht hoch (mehrere hundert DM). Damit unsere Messungen dennoch mit akzeptabler Genauigkeit erfolgen können, wurde ein anderer Weg gewählt: Die Ausgangsleistung jeder einzelnen HeNe-Röhre (nur solche aus dem TS-Service) wurde mit ± 5% Genauigkeit bestimmt.

Die gemessene Leistung ist auf dem Röhrenkarton aufgedruckt. Mit dieser Angabe können wir nun auch rückwärts die spektrale Empfindlichkeit unserer unkalibrierten Fotodioden bestimmen. Die Umrechnung auf andere Wellenlängen, z.B. 900 nm für die Anwendung bei Halbleiterlasern, kann mit Hilfe des Diagrammes 0961 erfolgen, da die Streuungen dieser Kurve meist nur einige Prozent betragen. Die Rechnung für „S" geht so:

$$S_{630} = \frac{I_P}{E_{630}}$$

Mit der Röhrenangabe E = 1 mW ergibt sich S_{630} zu 0,35 A/W für die vorhin gemessenen 350 µA Fotostrom. Auf diesem Wege erreichen wir eine zumindest punktuelle Kalibration der Fotodiode, ohne daß ein erheblicher Mehrpreis notwendig ist. Welche Empfindlichkeit „seine" Diode hat, muß also jeder Leser selbst feststellen. Damit Zahlenbeispiele im Rahmen des Buches angeführt werden können, wird hier in Zukunft mit den normierten Werten S_{630} = 0,4 A/W und S_{900} = 0,6 A/W gerechnet. In diesen Rechenbeispielen müssen dann die normierten Werte gegen die

„persönlichen" ausgetauscht werden, wenn die Formeln für praktische Zwecke benutzt werden.

6.3 Abblendung

Nachdem wir nun einen recht ausführlichen, aber notwendigen Ausflug in die Technik der Fotodioden gemacht haben, kann die immer noch ausstehende Messung der Divergenz des aufgeweiteten HeNe-Strahles endlich erfolgen. Dafür müssen wir die Linse erneut an ihren Platz bringen und den XY-Halter neu einstellen. Der aufgeweitete Strahl hat einen Durchmesser von etwa 10 mm. Um seine Struktur zu ermitteln, müßte man den Querschnitt mit einer theoretisch unendlich kleinen Fotodiodenfläche abtasten, um eine hohe Auflösung und damit eine hohe Meßgenauigkeit zu erreichen. Der dabei entstehende Ausgangsstrom wäre demzufolge auch sehr klein und schwer meßbar. Um einen vertretbaren Kompromiß zu schließen, verkleinern wir die aktive Fläche der Diode auf ca. $0,8\,mm^2$, indem wir eine Blende mit einer 1 mm-Bohrung davorsetzen. Kreisfläche und Radius (Halbmesser) stehen bekanntlich so in Zusammenhang:

$$F = r^2 \text{ x } \pi \text{ oder } = d^2 \text{ x } \pi/4$$

Bei einer abzutastenden Fläche von ca. 10 mm ergeben sich bei einer Meßfläche von d = 1 mm also mindestens zehn Meßpunkte. Wenn wir eine Skala (Millimeterpapier) auf der Grundplatte in geeigneter Weise anbringen (*Abb. 6.1* oben), dann können wir für jeden mm Weg die zugehörige Spanung notieren. Der Maximalwert wird etwa 100–120 mV betragen, und an den Rändern sollte man bei minimal 10 mV die Messung beenden, um keine Ungenauigkeiten durch Hintergrundstrahlung einzubeziehen. Die Umwandlung der „Meßreihe" führt zu einem Diagramm, das der Darstellung in *Abb. 6.2* recht ähnlich sein sollte. Es zeigt uns das sogenannte „Strahlprofil" des HeNe-Lasers im Zentrum des

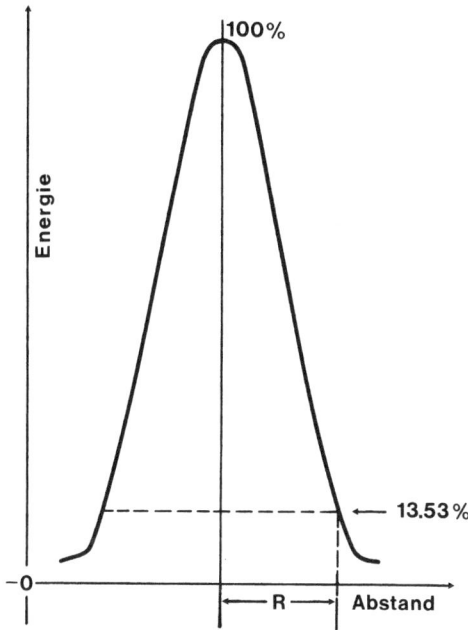

Abb. 6.2 Strahlungsprofil

Querschnittes. Es kann manchmal, insbesondere bei sehr kleinen Spannungen am Rand des Profiles, schwierig werden, einen konstanten Meßwert abzulesen, da der Strahl in seiner Intensität kurzzeitig schwankt. Diese „Störmodulation" ist eine unschöne Eigenheit der Laserröhre, die allerdings bei den meisten praktischen Anwendungen nicht so hervortritt.

Es gibt eine elegantere Methode, die Form des Profiles darzustellen, wenn die genauen Zahlenwerte nicht so wichtig sind. Da unser Experiment vor allem der Erarbeitung von Prinzipien gewidmet ist, wollen wir diese Meßweise ebenfalls kennenlernen.

6.4 Oszilloskop-Darstellung

Wird anstelle des DVM das Oszilloskop (DC-Kopplung) verwendet, dann ist eine dynamische Darstellung des Kurvenzuges möglich. Die Empfindlichkeit sollte dafür auf 20 oder 50 mV/DIV eingestellt sein und die Zeitablenkung auf 20 bis 50 msec/DIV. Die Triggerung erfolgt am Anfang der Messung zunächst in „Automatik", damit überhaupt ein Bild zustande kommt. Wir schieben die Fotodiode erst einmal neben den Laserfleck und stellen die Grundlinie des Oszilloskops an den unteren Schirmrand. Wird der XY-Halter nun langsam wie vorher durch die Fleckposition bewegt, dann können wir am Schirm die sich ändernde Amplitude verfolgen. Erfolgt die Schiebebewegung nun erheblich schneller, so bildet sich der Kurvenverlauf ab. Allerdings erscheint die Darstellung höchstens zufällig am linken Schirmrand; meist „läuft sie durch", d.h. es fehlt jegliche „Synchronisation". Wenn man diese durchlaufende Darstellung erst einmal gesehen hat, kann versucht werden, den „Trigger" in der Stellung „MAN" und der Triggerkopplung „DC" von Hand so einzustellen, daß bei jedem Durchschieben das Bild auch links am Schirmrand steht, wobei allerdings etwa 10–20% der ansteigenden Amplitude fehlen. Ob die Kurve breit oder schmal ausfällt, bestimmen wir mit der Bewegungsgeschwindigkeit. Nach einigem Probieren wird die Darstellung dann auch der *Abb. 6.2* entsprechen.

6.5 Strahlprofil und Fernfeld

Da wir unsere Messung in einem relativ kleinen Abstand von der Laserröhre vorgenommen haben, ist die Meßgenauigkeit zwar geringer als bei einer Entfernung von 50 oder 100 m, an prinzipiellen Kurvenverlauf ändert das aber wenig. Derartige Strahlprofile können breiter oder schlanker ausfallen, weisen aber immer eine sogenannte „Gauß'sche Verteilung" auf. Die Begründung, warum der Querschnitt keine gleichmäßige Energieverteilung aufweist, liegt in der mechanischen Ausdehnung der technischen Strahlungsquellen. Nur ein wirklich punktförmige Sender (z.B. die Sonne in ihrem großem Abstand) weist diese Verteilung nicht auf. In der Praxis sind die künstlichen Quellen schon sehr klein, insbesondere bei den Halbleiterlasern, aber auch Abmessungen von einigen 1/100 mm sind in diesem Sinne noch zu groß. Welche Auswirkungen hat die Energieverteilung nun aber beim Empfang der Strahlung?

Die Kenntnis der räumlichen Verteilung ist sehr wichtig, da man sonst ganz erhebliche Fehler bei der Reichweitenkalkulation machen kann. Die Aufgabenstellung besteht, unabhängig vom letztendlichen Verwendungszweck (Lichtschranken, Datenübertagung etc.), immer darin, die vom Sender abgestrahlte Energie möglichst vollständig zum Empfänger zu übertragen. Zum einen kann mit zunehmender Energie am „Empfangsort" der elektronische Aufwand für den Empfänger kleiner gehalten werden, zum anderen muß der für die „Detektion" (aufspüren) jeglicher EM-Strahlung notwendige „Störabstand" erreicht werden. Die Divergenz z. B. unseres HeNe-Strahles verursacht in 100 m Abstand einen Fleckdurchmesser von 100 mm. Den Durchmesser bestimmt man nach *Abb. 6.2* bei ca. 13% der maximalen Leistung. Das ist der sogenannte „$1/e^2$-Wert", einer Kurve mit Gauß'scher Verteilung. Dieser Bezugspunkt wurde gewählt, weil die Kurve unten zunehmend breiter wird, aber dennoch den Nullpunkt nie erreicht. Eine hinreichend genaue Messung wäre bei einer Restleistung von z.B. nur 1% weitaus schwieriger.

Wenn die gesamte Energie des 100 mm-Fleckes nun auf eine Fotodiode konzentriert werden sollte, so müßte man eine Linse von mindestens 100 mm Durchmesser einsetzen, da es so große Dioden nicht gibt. Abgesehen vom hohen Preis solcher Linsen würde das gesamte Empfangsgerät dadurch unhandlich und schwer (Glas!).

Dazu kommt noch ein anderer Umstand. Die Sendedivergenz klein zu halten, ist auf den ersten Blick wohl sinnvoll, aber der Fleck muß am Empfangsort auch noch auffindbar sein! Unter Laborbedingungen ist der HeNe-Strahl sicher leicht zu sehen, aber in 100 m Abstand und bei Tageslicht wird das sehr mühsam. Dazu kommt die Notwendigkeit der Ausrichtung (Fluchtung). Sender und Empfänger müssen ja auf einer Linie liegen, sonst ist überhaupt kein Empfang möglich. Nehmen wir einmal an, die Geräte seien auf Stativen montiert. Dann müßte die Ausrichtung in beiden Achsen sehr genau sein und auch langfristig bleiben. Andernfalls läge der Auftreffpunkt bei einer Abweichung von $\pm 0{,}057°$ ($= 1$ mrad) schon um einen Fleckdurchmesser neben dem Empfänger. Bei den üblichen Gerätemaßen bedeutet der genannte Winkel eine Verschiebung von nur 2–3/10 mm. Die Installation einer derartigen Strecke wäre also eine aufwendige und instabile Angelegenheit.

Denkt man sich den ganzen Vorgang nun noch mit unsichtbarer IR-Strahlung, dann wird sicher klar, daß es so nicht praktikabel ist. Daher werden Gaslaser jeglicher Art auch nur selten zur Kommunikation über größere Distanzen eingesetzt. Die Halbleiter-Laser haben grundsätzlich größere Divergenzen, die man durch Einsatz von Linsen auf der Senderseite auf ein sinnvolles Maß herabsetzen kann. Auf der Empfangsseite benutzt man natürlich auch Linsen zur Vergrößerung der wirksamen Fläche. Den wichtigsten Beitrag zur Funktionsfähigkeit einer Übertragungsstrecke muß aber der elektronische Teil des Empfängers leisten. Durch entsprechende Nachverstärkung des Fotodioden-Signales kann die Empfindlichkeit bis auf wenige nW (10^{-9}W) gesteigert werden. Das ist auch erforderlich, da ein Empfang des Sendesignales ja auch noch am Rande des Sendeflecks möglich sein muß (13%) und nicht nur in seiner Mitte (100%). Zusammen mit einer (Impuls)Sendeleistung von einigen 10 W ist dann eine Überbrückung von mehreren km möglich. Mehr zu diesem Themenkreis steht im Applikationsband, in dem auch vollständige Empfängerschaltungen vorgestellt werden.

Damit verlassen wir den Bereich der statischen Strahlung und wenden uns dem Gebiet der modulierten Signale zu. Da der Schwerpunkt dieses Buches die Erzeugung hoher Impulsleistungen ist, müssen wir uns mit der „Impulstechnik" vertraut machen. Dabei werden wir die Eigenschaften der Sendebauelemente von der LED über den CW-Laser zum Impulslaser nacheinander kennenlernen. Dafür benötigten wir natürlich auch eine entsprechende Fotodiodenschaltung.

7 Impulstechnik

7.1 Technologie

Beim Stichwort „Impulse" denkt man sicherlich zuerst an die bekannten Techniken der TTL-, CMOS- und eventuell ECL-Schaltkreise. Kenntnisse über die grundsätzliche Funktion und den Umgang mit TTL-ICs werden hier auch vorausgesetzt. Innerhalb der TTL-Familie unterscheidet man Stardard -LS- und -S-Typen. Alle drei Gruppen sind pinkompatibel. Dennoch weisen sie meist kürzere Schaltzeiten und eine höhere Arbeitsfrequenz auf. Vor allem aber die -S-Typen sind für uns besonders wichtig. Sie ermöglichen die höchsten Arbeitsfrequenzen in der TTL-Familie. Dafür haben sie den größten Strombedarf. Noch bessere Eigenschaften gibt es nur bei ECL-IC. Diese sind aber schwieriger zu betreiben, gut fünfmal teurer und liefern nur kleine Ausgangspegel.

Bauteileliste Kapitel 7

- Optische Bank (leer)
- Bausatz LTG (TS)
- Koaxkabel und Adapter
- Abschlußwiderstände (3×) nach 12.4
- Oszilloskop
- 5 V-Netzteil (0,5 A) oder Teileaufbau Bausatz NG nach 12.5

7.2 Pulsgenerator LTG

Bei allen Arbeiten mit Halbleiter-Lasern benötigen wir einen Impulsgenerator. Für unsere Zwecke muß dieser aber einige besondere Eigenschaften aufweisen, die man bei den im semiprofessionellen Bereich üblichen Generatoren nicht finden wird.

Deshalb wird hier eine Schaltung vorgestellt, die alle notwendigen Signale erzeugt. Die Platine (TS) kann in bekannter Weise mit vier Anschlagringen waagerecht auf der optischen Bank befestigt werden. Das jeweilige Sendeelement wird dann mit seinen Zusatzbauteilen auf einer eigenen Platine senkrecht davor angesteckt. Dadurch ist auch die Zentrierung der Dioden gewährleistet. Die *Abb. 7.1* zeigt oben einen solchen Aufbau und darunter die LTG-Platine. Die Bedienung erfolgt mit Trimmern und DIL-Schaltern um die Abmaße klein zu halten.

In der *Abb. 72.* ist die Gesamtschaltung des Generators dargestellt. Der rechte Monoflop des IC1 ist als Nadelimpulsgenerator

Abb. 7.1 Stecksystem und LTG

Abb. 7.1

geschaltet. Die Frequenz kann mit P1 („F") von etwa 3,5 bis
30 kHz variiert werden, wenn C2 einen Wert von 22 nF hat. Der
zweite Monoflop wird konventionell betrieben. Er erzeugt eine
mit P2 („T_{D1}") einstellbare Impulsbreite von ca. 150 nsec bis
1 µsec. Da wir auch Impulse von ca. 20–150 nsec benötigen, ist
noch ein weiterer Monoflop (IC2) zuschaltbar, der mit dem
Schalter S4 aktiviert wird.

Die Schaltung mit einem 74S00 nutzt zur Impulsverkürzung die
Signallaufzeit der einzelnen Gatter aus. Ohne zusätzliche Bauele-
mente (IC2 1.3 direkt an 2.5) würde die Dauer des Impulses am
Ausgang (IC2 3.8) aber nur etwa 5 nsec betragen.

Zur Funktion: ein Impuls beliebiger Breite am Ausgang von
IC2 1.3 bewirkt über die direkte Verbindung IC2 1.3–3.10 ein
sofortiges Umschalten (1–0) von Gatter 3. Die dafür notwendige
Bedingung E1 + E2 = 1 ist erfüllt, da das an Pin 5 anliegende
Signal noch solange auf 1 (High) bleibt, bis der Impuls über die
(direkte) Verbindung IC2 1.3–2.5 das Gatter 2 durchlaufen hat.
Das dauert bei S-TTL etwa 3 nsec. Dann wird der Ausgangspegel
von Gatter 2 Low(0) und die anfängliche Bedingung für Gatter 3
ist nicht mehr erfüllt. Da die Signaländerung auch dieses Gatter
erst durchlaufen muß, kann der Impuls an IC2 3.8 erst nach etwa

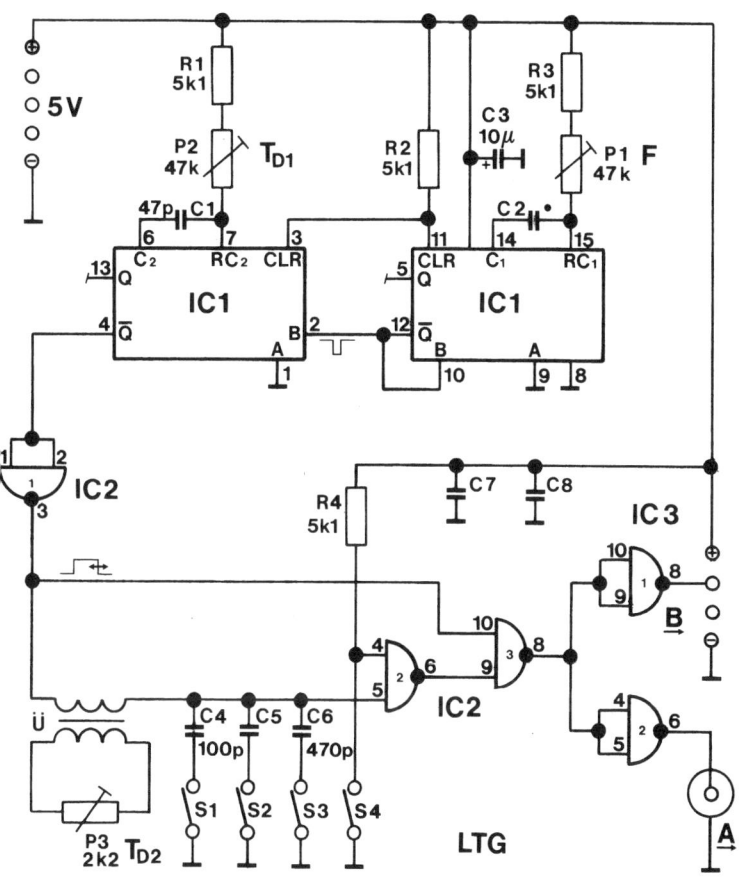

Abb. 7.2 Schaltung LTG

6 nsec wieder High werden. Das Umschalten von 1 nach 0 bean-
sprucht bei den TTL-IC nur etwa 30% der Zeit, die für den
umgekehrten Sprung 0–1 benötigt wird. Da auch der Beginn des

81

Impulses an IC2 3.8 gegen 3.10 etwas verzögert ist, entspricht die durch diese Schaltung mögliche Mindestpulsbreite nicht ganz den genannten 6 nsec, sondern beträgt meist nur 5 nsec. Beim Entwurf solcher „Nadelmonoflops" nimmt man als kürzeste Impulsbreite immer den doppelten Wert einer, in der jeweiligen Gruppe, üblichen Gatterlaufzeit an. Bei Standard-TTL ist die einfache Laufzeit ca. 10 nsec, bei LS ca. 7 nsec und bei S ca. 3 nsec. Will man längere Impulse erzeugen, so kann die Zahl der Gatter im Verzögerungszweig beliebig erhöht werden, wobei ihre Anzahl jedoch stets ungradzahlig sein muß. Eine derartige Anordnung mit NAND-Gatten, wie hier, erzeugt bei einer positiven Flanke am Eingang einen negativen Ausgangsimpuls. Bei Aufbau mit NOR-Typen wird auf eine negative Flanke hin ein positiver Nadelimpuls abgegeben. Die jeweilige Rückflanke bewirkt nichts, da bereits mit dem Signal aus dem Verzögerungszweig die Pegel an den Eingängen von Gatter 3 wieder ungleich werden. Es ist aber daher auch unmöglich, einen Eingangsimpuls mit dieser Schaltung zu verlängern wie bei den „echten" Monoflops (–123 etc.).

Auf welche Art die Signalverzögerung erreicht wird, ist für die prinzipielle Funktion unwesentlich. In einfachen Fällen genügt für eine längere Laufzeit schon ein Kondensator von 20–220 pF am Ausgang des Gatter 2. Es geht aber auch mit einem eingangsseitigen RC-Glied. Diese Methode ist manchem Leser möglicherweise schon in der Digitaltechnik begegnet, vornehmlich in Vebindung mit CMOS-Schaltkreisen.

Bei TTL-IC generell, aber vor allem für die S-Typen, ist diese Form nur bedingt anwendbar, da die Eingänge sehr niedrigohmig sind und keine großen Vorwiderstände akzeptieren. Eine stufenlose Einstellung mit Poti ergibt daher nur eine geringe Variation der Verzögerungszeit. Wird ein bestimmter Widerstandswert überschritten, so neigen die Gatter zum Schwingen. Für die einmalige Einstellung einer festen Zeit ist die Zuschaltung eines Ausgangskondensators bis maximal 470 pF besser.

Bei Verwendung einer LC-Anordnung wird dagegen kein nennenswerter ohmscher Widerstand in die Signalleitung eingefügt. Die Induktivität bewirkt einen langsameren, linearen Stromanstieg. Daher vergeht einige Zeit, bis der Kondensator aufgeladen ist und die Umschaltspannung am IC-Eingang den oberen Schwellwert erreicht. Daraus ergibt sich dann die gewünschte Verzögerung.

Da variable Spulen in der Herstellung immer etwas aufwendig ausfallen und Drehkondensatoren mechanisch zu unhandlich sind, wird für die Einstellung ein in der Impulstechnik selten genutztes Prinzip angewendet. Es ist die sogenannte Transduktorschaltung.

Wenn eine Spule nicht nur von Signal(Wechsel)-Strom) durchflossen wird, sondern gleichzeitig auch von Gleichstrom, so kann man die Größe der Induktivität mit der Intensität des Gleichstromes steuern. Der Spulenkern kann nur eine begrenzte Anzahl an Feldlinien aufnehmen (Vormagnetisierung). Wird diese Menge bereits durch einen Gleichstrom nahezu ausgeschöpft, so verringert sich der wirksame Wechselstromwiderstand, also die Induktivität. Der hier verwendete Ringkern ist besonders gut geeignet, da er klein und streuarm ist. Es gehen etwa 40–50 Windungen Kupferlackdraht bei sauberer Lagenwicklung auf den Umfang.

Da bei den kleinen Windungszahlen kaum ein nennenswerter ohmscher Drahtwiderstand vorhanden ist, würden wir aber recht hohe Ströme (bis 1A) benötigen. Es funktioniert auch allein mit dem Signalstrom, sofern die Quelle (IC-Ausgang) genügend niederohmig ist. Anstelle der einfachen Spule wird ein Transformator aufgebaut, dessen Sekundärwicklung durch einen variablen Widerstand mehr oder weniger kurzgeschlossen ist.

Der durch die Sekundärwicklung fließende Impulsstrom erzeugt dann die gewünschte Vormagnetisierung P3 („T_{D2}") = 0 Ω bedeutet dabei höchsten Strom, also kleinstmögliche Induktivität. Durch die Verwendung mehrerer zuschaltbarer Kondensatoren anstelle eines einzelnen erreichen wir eine Variation von ca. 20 bis 150 nsec. Mit dem Schalter S4 kann jederzeit auf den Originalausgangsimpuls von IC1 umgeschaltet werden. Somit haben wir Impulsbreiten von 20 nsec bis 1 μsec zur Verfügung.

Der im Bausatz enthaltene Ringkern erhält 2 × 20 Windungen aus Kupferlackdraht (TS) von 0,2 mm Durchmesser. Da man diese Kerne nicht von der Rolle aus bewickeln kann, muß stets der gesamte Drahtvorrat durchgefädelt werden. Beim Einbau ist es nicht notwendig, auf eine bestimmte Polarität (Anfang–Ende) oder die Zuordnung (Primär-Sekundär) zu achten, da beide Spulen ja gleich sind. Man sollte aber eine gute Verzinnung der Enden vornehmen und gleich nach dem Einbau mit dem Ohmmeter die einwandfreie Verlötung nachprüfen.

Der Ausgang des 74SOO-Gatters wird dann noch mit einem weiteren IC gleichen Typs (IC3) gepuffert und in die richtige Polarität (positiv) gedreht. Es stehen damit zwei unabhängige Ausgänge zur Verfügung. Der eine wird zum jeweiligen Sendebauteil geführt und der andere zum Oszilloskop.

Der restliche Aufbau ist leicht anhand des Bestückungsplanes *Abb. 7.3* zu ersehen. Die Reihenfolge der Bestückung ist an sich

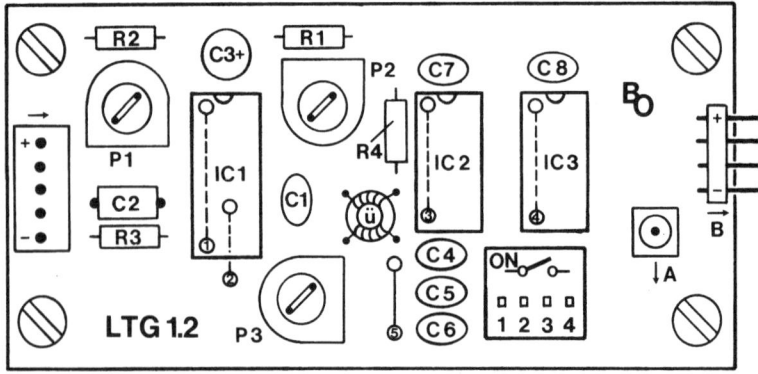

Abb. 7.3 Bestückungsplan LTG

unerheblich, nur die gestrichelt gezeichneten Drahtbrücken unter den IC-Fassungen müssen natürlich zuerst gelegt werden.

Zur Inbetriebnahme der Schaltung benötigen wir mindestens einen der „Abschlußwiderstände" nach 12.4, sowie ein Koaxkabel (Kabelsatz TS) und eine 5 V-Quelle. Hier kann auch das teilaufgebaute Netzteil NG nach 12.5 verwendet werden.

Warum wir auf die Impulserzeugung soviel Sorgfalt verwenden und wofür die Abschlußwiderstände dienen, soll der nächste Abschnitt aufzeigen.

7.3   Impuls und Oszilloskop

Das zentrale Meßgerät der Impulstechnik ist das Oszilloskop. Alle hier vorgestellten Schaltungen und Experimente sind auf ein zweikanaliges Gerät mit 60 MHz Bandbreite (Hameg HM604) zugeschnitten. Das Arbeiten mit Halbleiter-Lasern und den dazugehörenden Hilfsschaltungen verlangt im Grunde einen noch viel höherwertigen Typ, ein sogenanntes Sampling-Oszilloskop mit 10 GHz Bandbreite. Da im semiprofessionellen Bereich wohl kaum ein Leser ein derartiges Gerät besitzen dürfte und eine Ausgabe von ca. 50 000 DM auch nicht mehr in den Hobbybereich fällt, wurde von vornherein nicht von einer solch hochwertigen Meßeinrichtung ausgegangen. Auch der Besitzer eines Gerätes mit nur 20 MHz Bandbreite braucht nicht zu verzweifeln. In der Meßtechnik kann man viele Aufgaben auch mit einfachen Mitteln lösen, wenn man sich der Prinzipien und Randbedingungen bewußt ist. Woher kommt überhaupt die Forderung nach derartig hohen „Bandbreiten"?

Wer schon einmal in Digitalschaltungen oder Computersystemen oszilloskopiert hat, dem wird sicherlich aufgefallen sein, daß die dargestellten Impulse häufig verzerrt aussehen. Diese Tatsache stört in den o.g. Schaltungen meist auch wenig. In der Lasertechnik kann das aber aus mehreren Gründen nicht hingenommen werden. Wir wollen uns einmal genauer ansehen, was ein Impuls eigentlich ist.

7.4 Definitionen

Die *Abb. 7.4* zeigt uns oben einen Impuls mit allen Angaben zu seiner Beschreibung. Gemeinsames Merkmal aller Rechteckimpulse ist der schnelle Wechsel von einem Amplitudenniveau zum

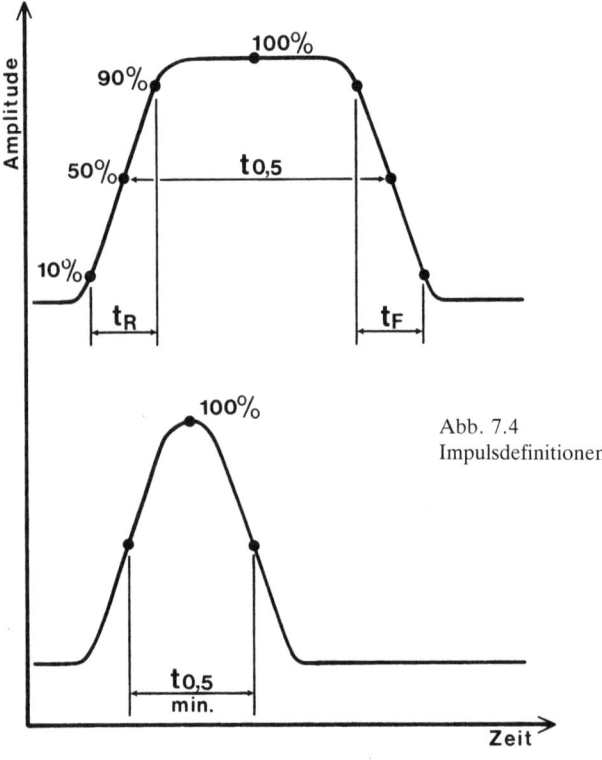

Abb. 7.4
Impulsdefinitionen

anderen. Die Höhe der Spannungen kann festgelegt sein, wie z.B. in der TTL-Technik, oder auch stufenlos variieren. Stets vergeht aber eine bestimmte Zeit für den Wechsel, da es keinen Vorgang in der Physik gibt, der in „Nullzeit" abläuft. Dadurch entstehen die „Impulsflanken". Da der Flankenverlauf in der Realität oft nicht so ideal ist wie in der Zeichnung, wird die benötigte Zeit nicht von 0–100%, sondern zwischen den sogenannten „10% bzw. 90% Punkten" gemessen. Gemäß ihrer Richtung bezeichnet man sie mit „Anstiegs-" bzw. „Abfallzeit". Die englischen Bezeichnungen sind „rise-" und „falltime". Hiervon sind auch die Kürzel „t_R" und „t_F" abgeleitet, die wir verwenden werden, da die deutsche Worte die gleichen Anfangsbuchstaben haben. Ist die maximale Amplitude erreicht (100%), so spricht man von dem „Impulsdach", das idealer Weise exakt gerade ist, also keinerlei Neigung aufweisen darf. Nach der Abfallzeit verläuft das Signal dann wieder auf der Grundlinie (0%). Die Dauer eines Impulses wird zwischen den „50%-Punkten" ermittelt und daher mit „$t_{0.5}$" bezeichnet. Den Extremfall eines Rechteckimpulses zeigt uns die untere Zeichnung, obwohl von Rechteck eigentlich nicht mehr die Rede sein kann. Die Impulsdauer (-breite) ist soweit verkürzt, daß kein ausgeprägtes Dach mehr auftritt. Anstiegs- und Abfallzeit folgen unmittelbar aufeinander. Alle bisher genannten Zeitdefinitionen gelten aber auch hier. Diese Extremform hat für uns eine besondere Bedeutung, da wir später die Signale des Impulslasers so sehen werden.

Wir verwenden drei IR-Emitterarten mit unterschiedlichen Impulseigenschaften:

Die Infrarot LED ist das einfachste und preiswerteste Bauteil und dient uns nur zum Prüfen der Meßaufbauten, bevor die kostbareren Laserdioden eingesetzt werden. Die Flankenzeiten der LED liegen bei etwa 0,5–1 µsec. Bei Ansteuerung mit einer Mindestpulsbreite von 1–2 µsec erreicht sie noch ihre volle Ausgangsleistung. Werden kürzere Impulse angeboten, so sinkt diese Leistung sofort ab. Die maximale Impulsrate ist also 0,5–1 MHz.

Beim Halbleiter-CW-Laser sind die Verhältnisse anders: seine Flankenzeiten betragen nur 500 psec (0,5 nsec). Die Mindestpulsbreite liegt bei ca. 1 nsec. Das entspricht einer maximalen Modulationsfrequenz von 500 MHz!

Der Halbleiter-Impuls-Laser hat ebenfalls Flankenzeiten von etwa 100–500 psec. Da der Betrieb aber mit gut 1000mal höheren Strömen als bei CW-Lasern erfolgt, ist nur eine maximale Stromimpulsbreite von 200 nsec zulässig. Bei dieser Impulsdauer ist die Wiederholfrequenz auf 1 kHz limitiert. Weil nun mit dieser Impulsrate nicht viel anzufangen ist, muß man die Impulsbreite auf 15–20 nsec verringern. Dann darf die Frequenz (bei Kühlung der Laserdiode) bis auf 20 kHz erhöht werden. Um die maximale Frequenz nicht unnötig nach unten zu begrenzen, werden wir den Betrieb der Impulslaser ausschließlich bei einer Impulsbreite von ca. 20 nsec vornehmen.

Das bedeutet natürlich, daß in diesem Zeitbereich die Amplituden von Impulsströmen bzw. Fotodiodenspannungen hinreichend genau gemessen werden müssen.

7.5 Meßgrenzen

Wie schon im Abschnitt 7.3 vorweggenommen, führt man Messungen im Zeitbereich von etwa 50 nsec bis 25 psec normalerweise mit Sampling-Oszilloskopen durch. Da wir mit einfacheren Mitteln auskommen müssen, bedarf es einer besonderen Vorgehensweise, um keine untragbar großen Meßfehler zu produzieren.

Wenn ein Oszilloskop einen Impuls richtig abbilden soll, so muß dieser eine bestimmte Mindestbreite haben. Er wird sonst falsch, d. h. mit zu kleiner Amplitude dargestellt. Den Betrag dieser kleinsten Impulsdauer errechnet man aus der Bandbreite (F_B) des jeweiligen Gerätes. Dafür wird zuerst die Anstiegszeit des Oszilloskopes ermittelt:

$$t_A = \frac{0,35}{F_B} \text{ oder } F_B = \frac{0,35}{t_A}$$

Typische Anstiegszeiten sind z.B. 5,8 nsec (60 MHz) oder 17,5 nsec (20 MHz). Wird also dem Y-Verstärker des Gerätes ein Signal mit einem sehr schnellen (z.B. 1 nsec) Rechtecksprung (z.B. 0–1 V) angeboten, dann benötigt er für die Antwort (Abbildung) die o.g. Zeiten. Ein Oszilloskop, das dem 1 nsec Sprung unverzögert folgen kann, müßte eine Bandbreite von 350 MHz aufweisen!

Auf diese Art werden also Oszilloskope getestet. Es ist dabei unerheblich, ob der Prüfsprung selbst eine Flankensteilheit von 100 psec oder 1 nsec hat. Wenn sie nur deutlich (min. 3×) kürzer ist als die Antwortzeit, so wird immer die gleiche Antwort vom Oszilloskop gegeben.

Der Prüfimpuls, von dem wir bisher nur die Anstiegsflanke betrachtet haben, muß aber noch eine weitere Bedingung erfüllen, damit die Prüfung korrekt sein kann.

Wenn die Anstiegszeit eines 20 MHz-Gerätes schon rechnerisch 17,5 nsec beträgt, dann muß man dem Oszilloskop natürlich auch die erforderliche Zeit für die Antwort einräumen, d.h. der Impuls, der zur Prüfung eingespeist wird, muß lang genug sein.

Wird, während die Anstiegszeit des Gerätes noch läuft, bereits wieder die Amplitude des Prüfsignals geändert (1–0 V), dann ist der Strahl noch auf dem Weg zum Niveau von 1 V, das er nach der Zeit von z.B. 10 nsec noch gar nicht erreicht haben kann. Endet hier der Prüfimpuls, dann fällt der Strahl von vielleicht 0,6 V wieder auf die Nullinie ab. Damit wird logischer Weise eine Spitzenamplitude von 0,6 V angezeigt, obwohl sie doch tatsächlich 1 V betragen hat. Da das Oszilloskop auch eine bestimmte Zeit für den Signalabfall benötigt, entsteht zudem ein weiterer Fehler bei der Anzeige der Impulsbreite. Es benötigt dafür stets den gleichen Zeitraum wie für den Anstieg, nämlich auch 17,5 nsec.

Aus einem Prüfimpuls mit 1 V Amplitude und 10 nsec Breite wird also ein abgebildeter Impuls von 0,6 V Amplitude und 28 nsec Breite. Das Wort „Messung" ist hier wohl kaum mehr angebracht!

Derartige Prüfimpulse haben daher sehr schnelle Flanken von 1–3 nsec und eine Impulsdauer, die deutlich über den zu erwartenden Reaktionszeiten der Testobjekte liegt, also in unserem Beispiel bei mindestens 300–500 nsec.

7.6 Kompensationen

Ein Oszilloskop mit 60 MHz Bandbreite hat also Anstiegs- und Abfallzeiten von ca. 6 nsec. Die für eine korrekte Amplitudenanzeige erforderliche Mindestpulsbreite ist demnach 12 nsec. Bei einem 20 MHz-Gerät gelten 17,5 nsec und 35 nsec.

Da alle Geräte Toleranzen aufweisen, kann man die Grenzen natürlich nicht so exakt angeben. Für die Praxis hat sich eine Eingrenzung auf 60 MHz–7,5 nsec–15 nsec bzw. 20 MHz – 20 nsec–40 nsec bewährt. Die Anstiegs- und Abfallzeiten eines Oszilloskopes haben grundsätzlich gleich zu sein, andernfalls taugt das Gerät nichts!

Die gezeigten Grenzen müßten nun eigentlich bedeuten, daß die Messung von 20 nsec-Laserimpulsen mit einem 20 MHz-Gerät nicht mehr korrekt durchgeführt werden können, da ja dann sowohl die aufgezeigten Amplituden- als auch die Zeitfehler entstehen.

Gegen die falsche Anzeige der Impulsbreite kann man in der Tat nichts ausrichten. Das wird aber nebensächlich, wenn die Lasertreiber so konstruiert sind, daß sie von sich aus eine Impulsbreite von ca. 15–20 nsec erzeugen, ohne daß irgendeine Art von Ausgleich erforderlich ist. Das ist bei den hier vorgestellten Schaltungen der Fall.

Wenn weiterhin gewährleistet ist, daß nur das Oszilloskop im fraglichen Zeitbereich Fehler erzeugt, nicht aber z. B. die Impulsgeneratoren oder die Fotodioden, dann kann der Amplitudenfehler eines „langsamen" Oszilloskopes für eine feste Zeit ($\pm 30\%$) ermittelt und dann rechnerisch ausgeglichen werden.

Alle eben genannten Voraussetzungen werden durch eine bestimmte Reihenfolge und Auswahl der nachfolgenden Schaltungen erfüllt.

Der Impulsgenerator ist mit S-TTL bestückt. Die Flankenzeiten dieser Gruppe betragen typisch 3 nsec. Selbst Abweichungen von $\pm 50\%$ wären noch unerheblich. Die Einstellung der wichtigsten Zeit, also 20 nsec, ist so konstruiert, daß beim Nachbau unter Verwendung der vorgegebenen Teile höchstens Differenzen von max. $\pm 10\%$ auftreten können. Der wahre Betrag der Ausgangsamplitude kann jederzeit einwandfrei ermittelt werden, da der Generator ja Impulsbreiten bis 1 µsec erzeugt. Beim Herunterregeln der Breite bis auf 20 nsec entstehen generatorseitig keine Fehler. Es besteht also eine hohe Nachbausicherheit für einen Prüfimpuls mit 20 nsec Dauer und (indirekt) meßbarer Amplitude. Der Besitzer eines 60 MHz-Oszilloskopes sieht diesen Impuls ohnehin seiner Originalbreite und Amplitude.

Fotodioden verhalten sich ähnlich wie Oszilloskope. Auch sie reagieren mit „ihrem" Antwortimpuls auf „zu kurze" Eingangsimpulse. Durch entsprechende Bauteileauswahl ist auch hier dafür gesorgt, daß die BPW34-Schaltung bis zu Impulsbreiten von ca. 10 nsec brauchbar ist.

Die Treiberschaltung für die Impulslaser ist so ausgelegt, daß sie immer Impulse von ca. 15–20 nsec Dauer erzeugt, unabhängig von der Breite der Generatorimpulse. Auch Toleranzen von Transistoren oder Laserdioden können daran nichts ändern.

Für den Betrieb der CW-Dioden wird kein spezieller Treiber benötigt. Diese werden direkt aus dem Generator angesteuert.

Alle vorstehenden Maßnahmen machen aber nur einen Sinn, wenn einwandfreie und in der Form möglichst exakte Impulse zur

Anwendung kommen. Zumindest ein Teil der Signale muß aber über Kabel geleitet werden. Die Weiterleitung von Impulsen über Distanzen ab ca. 20 cm ist bei den hier herrschenden Bandbreiten nur mit der sogenannten „50-Ω-Technik" möglich.

7.7 50-Ω-Technik

Ein Impuls mit 6 nsec Flankenzeiten ist letztlich ein Frequenzgemisch mit Anteilen von Gleichspannung und Wechselspannungen bis 60 MHz. Da sich die Qualität einer Übertragungsleitung immer der höchsten Frequenz anpassen muß, können wir nur diejenigen Techniken anwenden, die auch bei sinusförmigen Signalen zur Anwendung kommen.

Alle Arten von Leitungen haben die Eigenschaft, hohe Frequenzen nur dann „reflexionsfrei" zu übertragen, wenn ihr „Wellenwiderstand" dem von Generator und Lastwiderstand entspricht. Wer sich für die genaueren Zusammenhänge interessiert, findet im Anhang einen Literaturhinweis.

Die ICs des Generators sind als 50-Ω-Treiber geeignet. Für die Verbindung benutzen wir Koaxkabel mit 50-Ω-Wellenwiderstand. Als Steckverbinder wurde der Typ „Subclic" wegen der Größe gewählt. Am Ende des Kabels ist stets einer der „Abschlußwiderstände" nach 12.4 mit einem BNC-Adapter anzuschließen.

Unsere Grundausrüstung für die 50-Ω-Technik sieht also so aus:

3 Stck. Koaxkabel 50 Ω mit Subclic-Steckern à 1 m (TS)

3 Stck. Adapter Subclic-BNC (TS)

3 Stck. Abschlußwiderstände nach 12.4 (Teile TS)

(Die beiden ersten Positionen sind als „Kabelsatz" TS erhältlich.) In den jeweiligen Bausätzen sind die entsprechenden Subclic-Buchsen für die Platinen schon enthalten. Es gibt Abschlußwiderstände auch fertig zu kaufen. Diese haben aber mit über

DM 200 einen recht hohen Stückpreis. Die Mühe des Selbstbaus lohnt hier bei einem Bausatzpreis (für 3 Stck.) von etwa DM 80.

7.8   Inbetriebnahme LTG

Die fertig bestückte Platine LTG (= Laser-Trigger-Generator) kann mit ihren 4 Ringen auf die Optische Bank geschoben werden. Ein Freiraum von ca. 100 mm rechts von der Platine reicht für alle weiteren Aufbauten vollkommen. Alle Trimmer werden in Mittelstellung gebracht und alle DIL-Schalter auf „ON". Das Oszilloskop wird wir oben beschrieben angeschlossen.

Nach Anlegen der 5 V (aus „NG" oder anders) muß bei den Oszilloskopeinstellungen   1 V/DIV,   500 nsec/DIV,   Trigger „AUTO" sofort ein Impuls erscheinen. Die verschiedenen Einstellmöglichkeiten kann man leicht anhand des Schaltbildes durchprobieren. Danach sollte eine Einstellung auf die höchste Frequenz und eine Impulsbreite von ca. 1 µsec erfolgen. So erhalten wir auch helle Bilder.

7.9   20 MHz-Kalibration

Wer mit seinen 20 MHz-Oszilloskop Impulse unter 40 nsec Breite zumindest der Amplitude nach richtig messen muß, hat für den rechnerischen Ausgleich jetzt einen Referenzimpuls von 20 nsec Breite und dergleichen Amplitude, wie bei z. B. 100 nsec, zur Verfügung.

Da der Impulslasersender eine Impulsbreite von ca. 20 nsec erzeugt, also nicht von der Impulsbreite des LTG-Signales abhängig ist, können wir punktuell für diese Zeit die Kompensation vornehmen.

Der LTG wird auf minimale Impulsbreite gestellt, d. h. das Poti T_{D2} wird auf Linksanschlag gebracht, und die Schalter 1 + 2 in die

„ON"-Stellung. Zusätzlich wird Schalter 4 eingeschaltet. Damit sind wir im Bereich der großen Impulsbreiten und können mit Schalter 4 jederzeit auf 20 nsec Breite umschalten.

Die Amplitude des langen Impulses wird nun möglichst genau bei einer Oszilloskopeinstellung von 0,5 V/DIV abgelesen. Die Zeiteinstellung sollte dabei 50 nsec/DIV oder die kleinstmögliche Zeit betragen. Wen wir jetzt auf den 20 nsec-Impuls mit Schalter 4 umschalten, dann sehen wir die verminderte Amplitude. Die Differenz zwischen dem zuvor abgelesenen Wert und dem jetzigen, also z.B. 20% oder Faktor 0,8, notieren wir.

Mit dem Kehrwert dieser Zahl, also z.B. 1,2, ist die angezeigte Amplitude bei Meßimpulsen von 20 nsec zu multiplizieren, dann ist die Messung korrekt. Die Methode ist aber nur zulässig, solange die reale Pulsbreite immer bekannt ist.

8 Messen von Lichtimpulsen

8.1 LED und Fotodiode

Die prinzipielle Funktionsweise der Fotodiode haben wir schon beim Umfang mit dem HeNe-Laser kennengelernt. Um ihr Verhalten beim Empfang von Lichtimpulsen aufzuzeigen, bedarf es zunächst einmal einer Strahlungsquelle, die auf möglichst einfache Art mit unserem LTG betrieben werden kann.

Dazu werden wir eine einfache Infrarot-LED verwenden. Es wäre auch der Einsatz einer „normalen" LED denkbar. Bei diesen ist aber meist die Strahlungsleistung geringer und zudem das Verhalten bei Impulsbetrieb nicht immer definiert, da diese Typen nur für den Anzeigebetrieb konzipiert sind. Wer will, kann ohne Probleme die vorzustellenden Messungen auch mit anderen LED-Typen probieren, allerdings nachdem die hier aufgeführten Versuche vorgenommen wurden. Andernfalls könnten sich einige Abweichungen zu den Angaben im nachfolgenden Kapitel ergeben.

Bauteileliste Kapitel 8

- Optische Bank mit LTG
- Oszilloskop
- 50-Ω-Teilesatz
- LED-Bausatz (in LTG enthalten)
- Fotodiodenplatine nach 12.3 Version „B"
- 5 VDC + 24 VDC (0,1 A) Netzteile oder NG-Ausbau

8.2 Impuls und Fotodiode

Für den Empfang modulierter Strahlung allgemein, vor allem aber für impulsförmige Signale, ist die photovoltaische Betriebsart einer Fotodiode nicht geeignet, da sich die Kapazität des PIN-Überganges hierbei voll auswirken kann.

Damit die Diode auch bei kurzen Impulsen ordnungsgemäß arbeitet, muß die Kapazität auf ein Mindestmaß herabgesenkt werden. Dafür nutzt man den gleichen Effekt, der bei den sogenannten „Kapazitätsdioden" anzutreffen ist. Wird ein P(I)N-Übergang in Sperrichtung betrieben, so verarmt die Sperrschicht an freien Ladungsträgern, ähnlich, als ob bei einem Plattenkondensator der Abstand der Elektroden vergrößert würde. Die effektive Kapazität wird geringer. Alle anderen Daten, wie Dunkelstrom oder Sättigungsverhalten, bleiben unverändert.

Das Schaltbild in *Abb. 8.1* zeigt die uns schon aus 12.3 vertraute Anordnung, diesmal aber nur noch in der Version „B". Die Buchse in Position „A" muß auf jeden Fall entfernt werden.

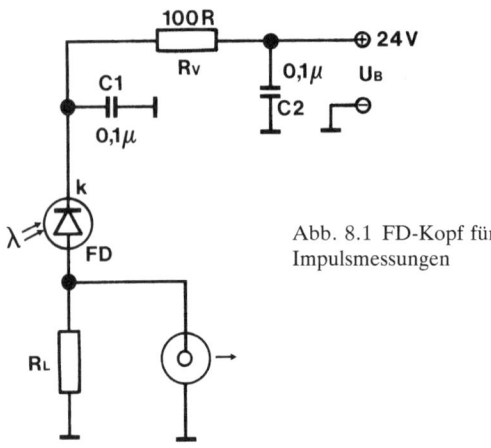

Abb. 8.1 FD-Kopf für Impulsmessungen

Die Bauteile R_V und C_2 dienen lediglich der Siebung der Versorgungsspannung. Wichtig für die Funktion sind nur C_1 und R_L. Aus dem Vorhandensein eines Lastwiderstandes können wir erkennen, daß die Fotodiode als Stromquelle betrieben wird.

Der Einbauplatz für den Lastwiderstand wird mit einem Widerstand von $1\,k\Omega$ bestückt. Am Ende des Koaxkabels ist ein 50-Ω-Abschlußwiderstand anzustecken. So haben wir die einfache Möglichkeit, die Größe des Lastwiderstandes versuchsweise von dem ständig benötigten Wert von $50\,\Omega$ auf $1\,k\Omega$ zu ändern.

Nach dem Anlegen der 24 VDC ist die Schaltung einsatzbereit. Mit der Oszilloskopeinstellung 5 mV/DIV kann die Funktion beim Einfall von Sonnen- und Lampenlicht geprüft werden. Durch den 50-Ω-Widerstand ist die Empfindlichkeit für die Hintergrundstrahlung gegenüber der bei den HeNe-Versuchen jedoch erheblich geringer. Das ist für uns aber eher von Vorteil.

8.3   IR-LED als Prüfsender

Unser erstes Meßobjekt aus der Reihe der Halbleiter-Emitter soll eine einfache IR-LED vom Typ LD274 (TS) sein. Wir wollen hier einige der Eigenschaften dieser LEDs aufzeigen und gleichzeitig ein Bauteil vorstellen, mit dem man einen optischen Aufbau schnell und einfach voreinstellen kann, bevor die Baugruppen mit den Lasern in Betrieb genommen werden.

So können Bedienungsfehler, z.B. durch den nicht richtig eingestellten Triggerzeitpunkt am Oszilloskop ebenso wie fehlende Betriebsspannung an der Fotodiode, etc. vorher aufgespürt werden. Durch den Einbau des Impulsgenerators ist die Optische Bank so stabil, daß der rechte Endhalter ebenfalls links vom LTG angeordnet werden kann, so daß ein Arbeitsraum von ca. 200 mm rechts vollkommen frei ist. Die FD-Platine kann also jederzeit abgezogen werden ohne ihre Verkabelung zu lösen und die Emitterplatten können ebenfalls leicht gewechselt werden.

Abb. 8.2 LED-Sender auf der Optischen Bank

Die *Abb. 8.2* zeigt den LED-Sender auf der optischen Bank und *Abb. 8.3* die Schaltung und den Bestückungsplan. Die Montage ist denkbar einfach. Nach dem Auflöten der Ringe können alle Bauteile in beliebiger Reihenfolge eingelötet werden, nur die LED sollte zuletzt, von der Lötseite her, montiert werden.

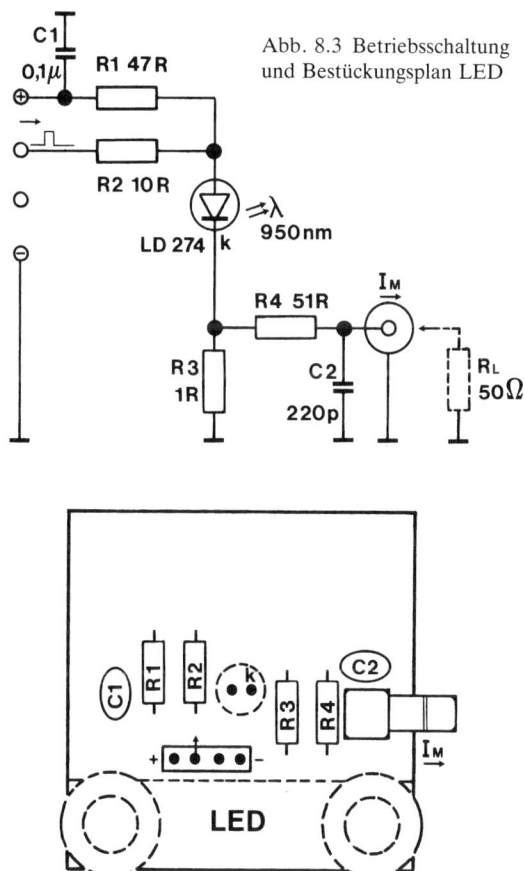

Abb. 8.3 Betriebsschaltung und Bestückungsplan LED

An der Schaltung sind, im Gegensatz zu allen Laserschaltungen, keine Abgleicharbeiten durchzuführen. Die Möglichkeit für eine Messung des Diodenstromes (I_M) wurde dennoch eingebaut, um mit dem Prinzip der Kontrolle vertraut zu machen.

Alle Methoden der direkten Strommessung (Amperemeter) sind aus Sicherheitsgründen ausgeschlossen. Eine Auftrennung der Stromkreise unter Verwendung von Meßleitungen ist in der Lasertechnik wegen der hohen Anstiegsgeschwindigkeiten nicht möglich. Daher wird immer indirekt über einen Meßwiderstand (R3) gearbeitet. Die Größe des Widerstandes ist so bemessen, daß er kaum Einfluß auf den Betrieb der Dioden hat. Bei allen Emitterplatinen beträgt er einheitlich 1 Ω. Damit die Anzeige an Oszilloskop korrekt erfolgt, ist ein Tiefpaß (R4 + C2) nachgeschaltet, der Schwingungen durch das angeschlossene Verbindungskabel verhindert.

Solange also ein Kabel angesteckt ist, muß dieses am Ende mit 50 Ω abgeschlossen sein. Sonst ist kein Abschluß erforderlich. Die Anzeige am Oszilloskop muß allerdings mit dem Faktor 2 multipliziert werden, da aus R4 und R_L ein 1:1 Spannungsteiler gebildet wird.

Die Platinen mit den Sendebauteilen (Kopfplatinen) dürfen niemals bei eingeschalteter 5 V-Spannung gewechselt werden!

8.4 Inbetriebnahme LED

Zur Voreinstellung setzen wir den Pulsgenerator in Betrieb (1 µsec, höchste Frequenz) und schalten das Oszilloskop auf den Zweikanalbetrieb (ALT oder CHOP). Auf dem Kanal 1 (0,5 µsec/DIV, TRIG:K1) stellen wir den Referenzimpuls des LTG dar. Am anderen Kanal (5 mV/DIV) wird die FD-Platine angeschlossen (50-Ω-Abschluß!) und mit 24 V versorgt. Ihre Funktion prüfen wir kurz mit Lampenlicht.

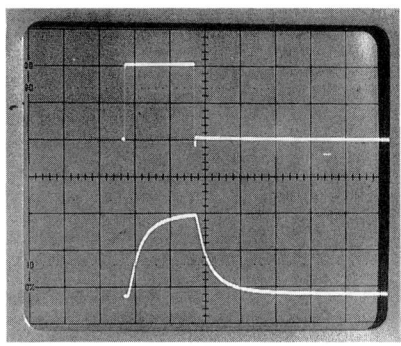

Abb. 8.4 LED-Puls

Bei *abgeschalteter* 5 V-Spannung stecken wir den LED-Kopf an der LTG-Platine an und schieben dann den FD-Knopf auf etwa 3 cm an die LED heran. Beim Einschalten der 5 V muß dann sofort ein Oszillogramm wie in *Abb. 8.4* zu sehen sein.

Die exakte Amplitude der Fotodiodenspannung kann man nicht vorhersagen, da die LEDs einige Streuungen aufweisen. Auffällig sind aber die stark exponentiell (RC-förmig) verlaufenden An- und Abstiegszeiten des Signales.

Die LD 274 hat Flankenzeiten von etwa 1 µsec. Sie müßte also bei einer Impulsbreite von 2 µsec ihre volle Amplitude erreichen. Da unser Generator diese Zeit nicht ohne Umbau erzeugt, müssen wir einen Trick anwenden. Wird der offenliegende Potischleifer von T_{D1} mit dem Finger berührt, ohne gleichzeitig andere Kontakte anzufassen, so erhöht sich die Pulsbreite auf mindestens das Doppelte. Der Zuwachs an Signalamplitude ist allerdings nicht sehr groß. Bei einem exponentiellen Kurvenverlauf wäre das auch nicht zu erwarten, da bei einem RC-förmigen Anstieg die Zeit τ bei 63% der Amplitude liegt. Der Wert von 99% wird aber erst nach 5 τ erreicht.

8.5 LED-Betriebsschaltung

Bei Variation des Abstandes von LED und FD-Kopf verändert sich erwartungsgemäß die Amplitude der Signalspanung. Es gibt aber auch eine Verschiebung der Grundlinie. Das wird besonders deutlich, wenn der Abstand verringert wird. Beide Oszilloskop-Kanäle sind stets in DC-Kopplung zu betreiben. Andernfalls ist der o. g. Effekt nicht sichtbar.

Der abgestrahlte Impuls sitzt auf einem Sockel von statischer Strahlung. Dieser Anteil wird bestimmt von dem Gleichstrom, der über R1 in *Abb. 8.3* fließt. Wir verwenden für den Betrieb der LED eine Schaltung, die nur aus passiven Bauelementen besteht. Damit wird die Zahl der Bauteile klein gehalten und die Nachbausicherheit vergrößert.

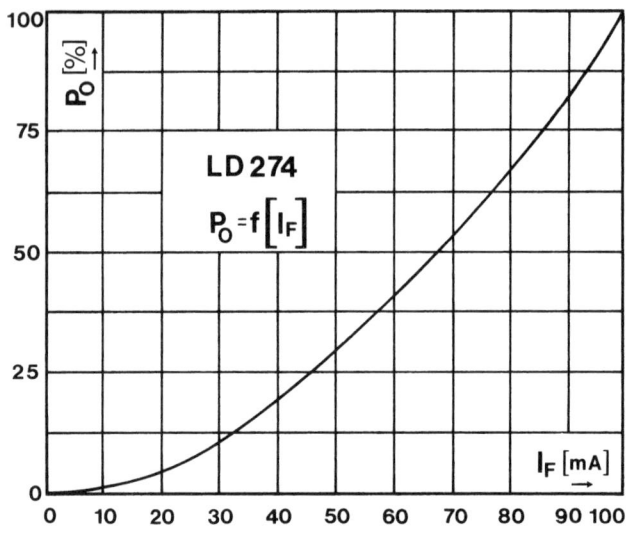

Abb. 8.5 Kennlinie LD274

Die *Abb. 8.5* zeigt uns die Leistungs-Stromkennlinie der LED. Im Gegensatz zu normalen Dioden, aber auch zu Laserdioden, hat die LED keinen ausgeprägten Knick in dieser Kennlinie. Jeglicher Strom in Flußrichtung (I_F) erzeugt eine dazugehörende optische Ausgangsleistung (P_O). Das Diagramm ist besonders im unteren Strombereich nicht besonders linear. Der Gleichstrom über R1, der sogenannte „Vorstrom", verbessert die Linearität bei der Ansteuerung mit Impulsen.

Wir wollen uns die Dimensionierung der Treiberschaltung hier etwas genauer ansehen, da das Prinzip auch bei der CW-Laserdiode verwendet wird. Die *Abb. 8.6* zeigt die Stromverhältnisse für die beiden logischen Zustände „1" und „0". Während des Impulses wird die LED mit 126 mA betrieben. Endet der Impuls, dann wird der Strom auf 26 mA abgesenkt.

Wer die angegebenen Spanungen in seiner Schaltung einmal nachmessen möchte, kann dies mit einem DVM jederzeit tun. Dafür ist bei abgeschalteter Versorgung das IC_2 des LTG aus seinem Sockel zu entfernen, und am Sockelkontakt 8 wird dafür eine Prüfleitung angeschlossen. Bleibt diese Leitung offen, so befindet sich die nachfolgende Treiberschaltun mit IC_3 im „0-Zustand", wird die Leitung an Masse gelegt, ergibt sich der „1-Zustand". Die zu den Spannungen gehörenden Strömen kann man dann selbst leicht ausrechnen. Es sind, wegen der Bauteilestreuung, Abweichungen bis ±20% gegenüber *Abb. 8.6* möglich.

Die LD 274 darf dauernd mit einem Strom von 100 mA betrieben werden. Bei impulsförmiger Ansteuerung < 10 μsec ist ein höherer Spitzenstrom bis zu einigen Ampere erlaubt. Der Aufwand für eine Treiberschaltung mit 1–2 A ist aber recht groß und wird hier auch nicht benötigt.

Der Ausgang des IC_3 kann nur etwa 40 mA liefern (2 V an 50 Ω). Der interne 25-Ω-Widerstand in der Kollektorleitung des oberen Transistors im IC bestimmt leider nicht allein den möglichen Strom (200 mA!). Der Kollektor-Emitter-Restwiderstand des eingeschalteten Transistors addiert sich hinzu.

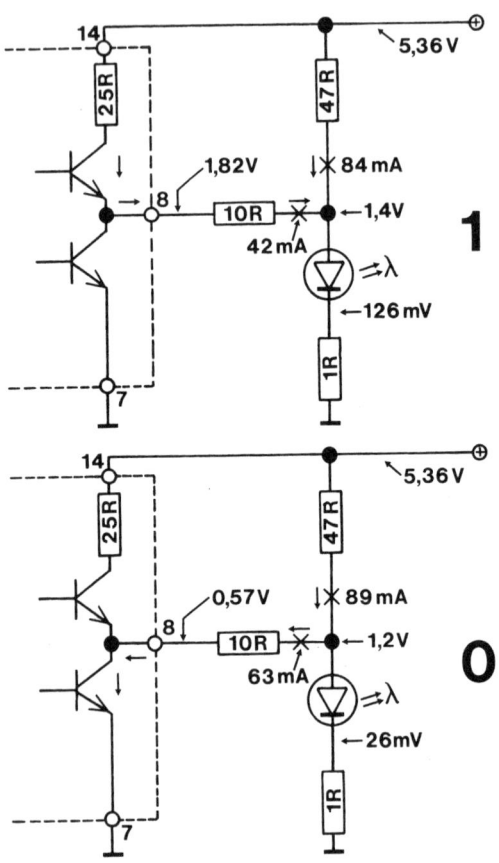

Abb. 8.6 Funktion der Treiberschaltung

Beim „0"-Zustand gibt es zwar keinen internen Begrenzerwiderstand, aber der untere Transistor hat bei Belastung mit dem angegebenen Strom eine Restspannung von über 0,5 V.

Bei den gewählten Widerstandwerten wird trotz der einfachen Treiberschaltung ein effektiver Stromhub von 100 mA erreicht. Dabei wird die angestrebte Ausgangsleistung von 3–5 mW aber ohne Schwierigkeiten abgegeben.

8.6 Leistungsbestimmung LED

Die abgestrahlte optische Leistung ist neben der Impulsform die aussagefähigste Information über einen Impulssender. Leider ist die Messung der Leistung nicht mehr genau so unkompliziert wie bei unserem HeNe-Strahl. Die schon bekannten Einflüsse der Ausbreitung und des Strahlprofiles wirken bei LED und Laserdioden natürlich in gleicher Weise. Da aber vor allem die Abstrahlwinkel (Divergenz) der Halbleiterquellen wesentlich größer ausfallen als 1 mrad, haben wir es mit einem Strahl zu tun, der nicht mehr so schmal und kompakt (und sichtbar!) ist wie der Heliumstrahl.

Am Beispiel der LD274 soll aufgezeigt werden, wie sich diese Einflüsse auswirken. Die Basis aller Daten sind zwar die Herstellerangaben; die Vielfalt der dabei verwendeten Meßmethoden ist aber recht groß. Nur wenn man die verwendete Methode vollständig nachvollzieht, darf man auch das gleiche Ergebnis erwarten. Da die dafür notwendige Ausstattung für uns nicht zugänglich ist, müssen wir einen Weg beschreiten, der dem einzelnen Leser zumindest im Zuge seiner eigenen Arbeit ermöglicht, aus der Sendeleistung und der Empfindlichkeit eines Empfängers eine Reichweite zu berechnen, die dan auch einer experimentellen Nachprüfung standhält. Die Vergleichbarkeit von Meßwerten mit irgendwelchen Meßnormalen oder fremden Anlagen wird dadurch eingeschränkt.

Diese Vorgehensweise ist keineswegs so unprofessionell, wie es scheint. Erfahrene Konstrukteure vereinbaren bereits bei der Angebotsabgabe für optische Sender mit dem Kunden die Methode, mit der später die Sendeleistung nachgewiesen wird.

Grundlage aller Messungen ist die Angabe der Fotoempfindlichkeit in A/W für den Empfänger, also unserer BPW34. Diese Angabe ist bekanntlich stets nur in Verbindung mit der Nennung einer Wellenlänge möglich ($S_{xxx[nm]}$). Wir wollen daher aus den Herstellerangaben einmal die für uns wichtigen Meßpunkte herausarbeiten. Es sind hier 6 Wellenlängen bedeutsam, wobei wir eigene Messungen nur bei 4 Werten durchführen.

8.7 λ-Korrektur

Alle Angaben bekommen wir aus dem Datenblatt der BPW34. Für die Wellenlänge 850 nm erfolgt eine zahlenmäßige Angabe der Fotoempfindlichkeit mit 0,66 A/W. Alle anderen Werte müssen wir anhand des Diagrammes 0961 oder *Abb. 5.2* selbst ermitteln.

Die Kurve hat ein Maximum (100 %) bei 880 nm. Bei 850 nm sind es etwa 95%. Die absolute Empfindlichkeit S_{880nm} ist durch Multiplikation von S_{850nm} mit 1,05 zu errechnen.

$$S_{880nm} = 0,66 \, A/W \times 1,05 = 0,693 \, A/W$$

Die punktuelle Angabe des Herstellers für 850 nm ist in der guten Verfügbarkeit von Sendern begründet, für 880 nm gibt es kaum Laserdioden oder LEDs.

Mit dem neuen Wert für 880 nm können wir nun nach dem gleichen Verfahren die Angaben für die anderen Wellenlängen ermitteln. Wichtig sind 630 nm (HeNe), 780 nm (CW-Laser), 904 nm (Pulslaser) und 950 nm (LED).

Wir listen die Werte einmal auf. Der Buchstabe „K" steht für die errechnete absolute Angabe bei 880 nm, also 0,693 A/W.

$$630 \, nm \simeq 65\% \simeq K \times 0,65 = 0,45 \, A/W$$
$$780 \, nm \simeq 90\% \simeq K \times 0,90 = 0,62 \, A/W$$

$$904\,\text{nm} \simeq 100\% \simeq K \times 1 = 0,69\,\text{A/W}$$
$$950\,\text{nm} \simeq 95\% \simeq K \times 0,95 = 0,66\,\text{A/W}$$

Die auf zwei Stellen gerundeten Werte können wir nun weiter verwenden. Wer den kalibrierten HeNe-Laser aus dem TS-Service besitzt, kann über die Angabe bei 630 nm etwas genauere Werte erhalten. Dafür ist wieder zuerst die Hochrechnung auf 880 nm erforderlich.

$$K = S_{880\text{nm}} = S_{630\text{nm/cal}} \times 1,35$$

Danach kann die vorbereitete Liste mit den selbst errechneten Zahlen ergänzt werden:

$$630\,\text{nm} \simeq \text{kalibriert} = \ldots\ldots \text{A/W}$$
$$780\,\text{nm} \simeq 90\% \simeq K \times 0,90 = \ldots\ldots \text{A/W}$$
$$904\,\text{nm} \simeq 100\% \simeq K \times 1 = \ldots\ldots \text{A/W}$$
$$950\,\text{nm} \simeq 95\% \simeq K \times 0,95 = \ldots\ldots \text{A/W}$$

Solange wir alle Leistungsbestimmungen bei Sendern und damit auch zwangsläufig bei Empfängern mit ein und derselben Fotodiode vornehmen, ist eine ausreichende Genauigkeit gegeben.

Alle bisher gewonnenen Angaben zur Fotoempfindlichkeit beziehen sich auf statische Strahlung. Das der Einsatz der BPW34 auch bei Impulsen bis herab zu 20 nsec problemlos möglich ist, müssen wir noch nachweisen. Dies soll im nächsten Kapitel mit Hilfe des CW-Lasers geschehen. Für den Moment setzen wir die einwandfreie Funktion der Fotodiode bei Impulsen von 1 µsec einmal voraus.

Die Bestimmung der Sendeleistung eines IR-Emitters erfolgt in zwei Schritten. Die einfache Methode, die vor allem als Nachweis des ordnungsgemäßen Arbeitens von IR-Diode und Treiber dient, werden wir für alle drei Diodentypen kennenlernen. Eine andere, aber aufwendigere Methode, ist im Applikationsband beschrieben. Sie dient der Leistungsbestimmung im Rahmen der

Ermittlung von Reichweiten. Dafür benötigt man allerdings einen kompletten Empfänger; eine „nackte" Fotodiode allein reicht dafür nicht aus.

Die Ausgangsleistungen von LED und CW-Laser liegen im Bereich von etwa 3–5 mW. Die BPW34 kann Strahlungsleistung bis ca. 50 mW, das ist etwas mehr als 1 V an 50 Ω, ohne Fehler verarbeiten. Daher können wor vorerst auf den Einsatz der recht teuren „Neutralfilter" verzichten. Den Namen haben diese Dämpfungsfilter, die man auch als „optische Widerstände" bezeichnen könnte, von ihren nahezu wellenlängenunabhängigen Dämpfungsfaktoren.

Für die Kontrolle der abgestrahlten Leistung bei der LD 274 bringen wir die Fotodiode in direktem Kontakt zu ihr. Der mechanische Abstand ihrer Oberflächen ist dann zwar Null, die aktiven Flächen haben aber immer noch einigen Abstand. Bei der LED liegt der Chip etwa 5 mm unter der Kuppe des Gebäudes und bei der Fotodiode sind es etwa 0,5 mm.

Die LD 274 ist ein Diodentyp mit relativ geringem Abstrahlwinkel (α), er beträgt $\pm 10°$, gemessen an den 50% Punkten des Profiles (Diagramm 0867 LD 274). Bei den $1/e^2$-Punkten (13,5%) sind es aber $\pm 30°$. Nimmt man eine kreisförmige Struktur an, so kann man die bestrahlte Fläche (F) für eine feste Entfernung (R) ausrechnen, wobei wir nur den größeren Winkel betrachten:

$$F = (R \times \tan \alpha)^2 \text{ x } \pi$$
$$F = 5,5 \text{ mm} \times \tan 30° = 3,17 \text{ mm}^2$$
$$3,17^2 \times \pi = 31,6 \text{ mm}^2$$

Da die Fläche der BPW34 nur wenig über 7 mm² beträgt, können wir nur etwa ein Viertel des im Datenbuch angegebenen sogenannten „Gesamtstrahlungsflusses" erwarten. Eine Spannung von 80 mV (Streubereich 60–100 mV) inklusiv statischem Sockelwert entspricht einer aufgestrahlten Spitzenleistung von 2,5 mW. Bei derartigen Rechenbeispielen im Verlauf des Buches werden immer die gerechneten Werte für S(λ) aus dem Kapitel 8.7 verwendet, hier also $S_{950} = 0,66$ A/W.

Die eben ermittelte Leistung sollte sich auch beim Leser einstellen, dann funktioniert alles ordnungsgemäß. Bei dieser Meßmethode erfahren wir natürlich kaum etwas für die Verteilung der Energie innerhalb des Strahlprofiles oder über die gesamte verfügbare Leistung. Die Auswirkungen dieser Faktoren sind ohnehin nur bei Abständen von 15–20 m zu erfassen.

Der zweite im Bausatz des LTG enthaltene LD 274 ist nicht als Ersatzteil gedacht. Wir werden sie im nächsten Kapitel für die Inbetriebnahme der CW-Diode benötigen.

8.8 Anwendung IR-LED

Die sehr preiswerten IR-LEDs kommen vor allem in Systemen zum Einsatz, die ohne jegliche Optik konzipiert werden. Der Einsatz von Linsen zur Verkleinerung der Sendedivergenz ist wegen der speziellen LED-Gehäuse nicht sehr effektiv. Die kuppenförmige Vorderfront wirkt nämlich bereits als Sammellinse und trägt sehr zu dem ursprünglichen Abstrahlwinkel bei. Wird nun zusätzlich eine weitere Linse vorgesetzt, dann wird diese aus einer Quelle von 5 mm (Gehäusedurchmesser LED) gespeist. Dadurch gibt es im Fernfeld einen sehr großen Fleck, der zwar kleiner ist als der von der nackten Diode erzeugte, aber dennoch so groß, daß der Einsatz einer recht teuren Linse nicht mehr lohnt.

Bevorzugt sind daher Anwendungen, die mit einer maximalen Distanz von 20–30 m auskommen. Dabei ist es dann sehr leicht, auch einen großen Raumwinkel (bis 360°) zu versorgen, indem man eine größere Anzahl von Dioden einsetzt. Beispiele dafür sind Fernbedienungen, drahtlose Tastaturen oder Lichtschranken.

9 CW-Laser

9.1 LED und CW-Laser

Der CW-Laser ist das Bauteil der Halbleiter-Lasertechnik, daß
die Brücke schlägt zwischen LED und Impulslaser. Sowohl LED
wie auch CW-Laser können Dauer- oder moduliertes Licht abgeben. Das Licht der LED ist natürlich nicht kohärent. Die abgegebene optische Ausgangsleistung ist mit 2–5 mW etwa gleich,
zumindest für uns, da wir CW-Laser mit 20 oder gar 100 mW
Strahlungsleistung aus Kostengründen nicht berücksichtigen können. Der gravierendste Unterschied zeigt sich bei der Modulation. Die LED kann nur bis etwa 500 kHz, bei einem Tastverhält-
nis 1:1 ohne Leistungsabfall, verarbeiten; die CW-Diode aber
500 MHz!

Dadurch wird sie für uns zu einem universellen Prüfmittel für
alle benötigten Komponenten, da sie Impulse konstanter Amplitude von Gleichlicht bis herab zu 1 nsec Breite abgeben kann. Wir
benötigen ja nur eine Mindestpulsbreite von ca. 20 nsec.

Bauteileliste Kapitel 9

- Optische Bank mit LTG
- Oszilloskop
- 50 Ω-Teilesatz
- CW-Bausatz (TS)
- LED-Kopf
- 2.LD 274 aus LTG
- FD-Kopf
- 5 VDC, 24 VDC Netzteile oder NG-Aufbau

9.2 CW-Laserdiode

Durch die Massenproduktion von CD-Playern sind heute CW-Laser zu recht geringen Preisen verfügbar. Sie sind ihrer Bestimmung nach eigentlich nur für die Abgabe von Dauerlicht konzipiert. Dadurch gibt es aber keine Probleme, da die Modulierbarkeit eine Eigenschaft aller Halbleiter-Laser ist. Gleichfalls für alle Typen gilt, daß die Anstiegsgeschwindigkeit der Dioden, d.h. ihre Umsetzgeschwindigkeit von Strom zu Licht, im Bereich von ca. 100–500 psec liegt.

Diese Eigenschaft, in Verbindung mit einem Strombedarf von 60–100 mA, ist der große Vorteil der CW-Dioden. Aber Vorsicht, das hat auch Folgen für den Umgang mit ihnen. Die genannten Ströme sind relativ leicht zu erzeugen, wie wir aus den LED-Experimenten schon wissen. Gegen eine Überschreitung der zulässigen Grenzwerte ist eine LED zwar nicht immun, aber doch recht tolerant. Bei den CW-Dioden ist die obere Grenze für den Strom sehr scharfkantig, d.h. wenn ein Grenzwert von z.B. 100 mA vorgegeben ist, dann führt bereits eine Stoßspitze von nur 20 mA mehr und 1 nsec Dauer zur teilweisen oder vollständigen Zerstörung des Chips!

Ähnliches gilt für statische Elektrizität. Die Dioden sind daher wie CMOS-Schaltkreise verpackt, und auch so zu behandeln. Eine Berührung der Anschlußbeine sollte immer vermieden werden. In unsere Schaltung wird die Diode daher auch gesteckt und nicht eingelötet. Durch diese Maßnahme können wir die aufgebaute Treiberschaltung auch vor dem Einstecken des CW-Lasers mit der zweiten LD 274 vollständig prüfen.

Die *Abb. 9.1* zeigt den Chip und den inneren Aufbau der verwendeten CW-Diode vom Typ LT 022 der japanischen Firma Sharp. In der Darstellung „A" ist der recht komplexe Schichtaufbau dargestellt. Das IR-Licht mit einer Wellenlänge von ca. 780 nm und ca. 3–5 mW nutzbarer Leistung tritt nur an der

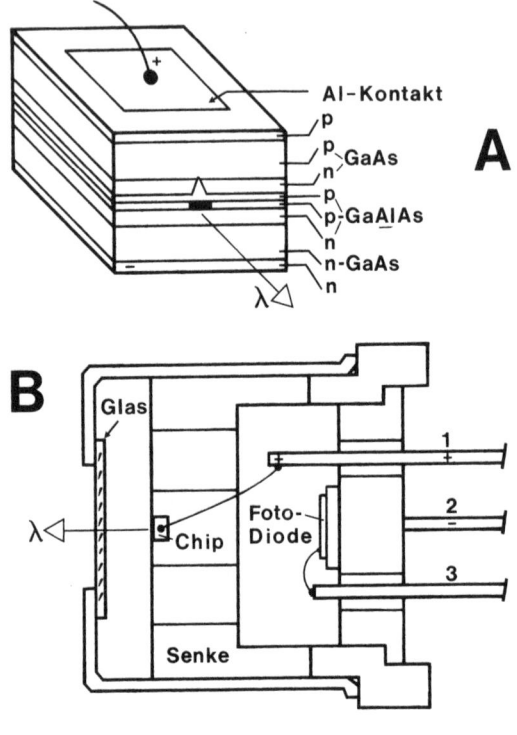

Abb. 9.1 CW-Laser LT022

kleinen, in der Abbildung schwarzgefärbten Fläche in der p-GaAlAs-Schicht aus, allerdings an beiden Enden des Chips.

Eine Besonderheit des mechanischen Aufbaus („B") ist die eingebaute Fotodiode. Sie wird von der aus der rückwärtigen Seite des Chips austretenden Energie beleuchtet und kann, in speziellen Schaltungen zur Stabilisation der Ausgangsleistung, als Detektor dienen. Diese Möglichkeit nutzen wir nicht, da sie nur beim Betrieb der Laserdiode mit unmoduliertem Strom oder mit einer konstanten Impulsbreite sinnvoll ist.

Da wir uns mit den genauen inneren Vorgängen im Laserchip nicht befassen wollen, wird aus der Fülle der technischen Daten hier nur das Wesentliche wiedergegeben. Die vollständige Übersicht liefert das Datenblatt (TS). Für jedes Einzelstück sind auf der Verpackung die spezifischen Daten vermerkt.

Es ist eine gemeinsame Eigenschaft aller Halbleiter-Laserdiode, recht große Variationen in den Betriebsdaten aufzuweisen. Als Bezugspunkt gilt immer eine bestimmte Ausgangsleistung, z.B. 3 mW. Der dazugehörende Strom kann aber 65 bis 100 mA betragen. Daher müssen alle Betriebsschaltungen einstellbar sein, und eine Erstinbetriebnahme nach der Methode: Diode einlöten und Spannung einschalten, ist nicht möglich, da sonst die Zerstörung des Lasers zu befürchten ist.

9.3 P_O/I_F-Kennlinie

Das Diagramm in *Abb. 9.2* zeigt die Beziehung zwischen der optischen Ausgangsleistung P_O und dem Strom in Durchlaßrichtung I_F. Für den Entwurf einer Betriebsschaltung ist dies die wichtigste Kennlinie. Anders als bei der LED, finden wir hier aber einen deutlichen Knick in der Kurve, so wie man es eigentlich auch bei einer Diode erwartet. Besondere Bedeutung hat ein bestimmter Stromwert, mit der I_{TH} ($_{TH}$ engl. threshold) bezeichnet wird.

Die Festlegung dieses „Schwellwertes(-stromes)" erfolgt durch Verlängerung der aufsteigenden Kurve bis zum Schnittpunkt mit der Stromachse. Der dadurch ermittelte Schwellstrom dient als Kennzeichnung für den Beginn der Laserfunktion. Unterhalb des Wertes wird zwar auch schon Licht emittiert, aber das Verhalten der Laserdiode in diesem Strombereich entspricht eher dem einer LED.

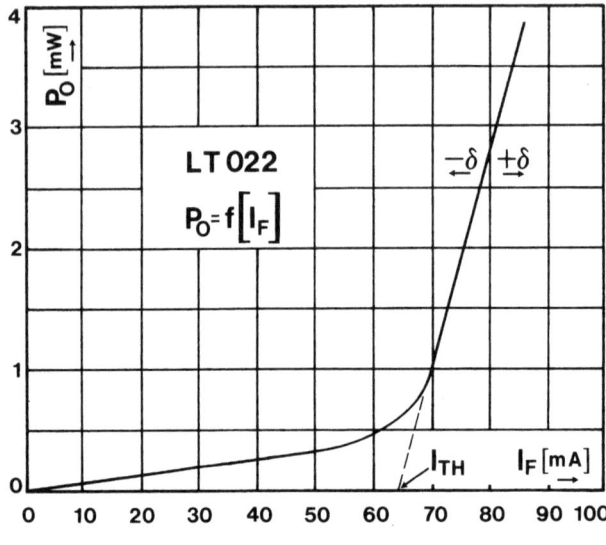

Abb. 9.2 Kennlinie LT022

Um einen Lasereinsatz zu erreichen, muß der Schwellwert also immer deutlicher überschritten werden. Da im LED-Modus aber auch ein Strom fließt und eine Spannung 1–1,5 V an der Diode steht, wird bereits eine Verlustleistung von 50–150 mW erzeugt, da die Werte für I_{TH} bei der LT022 zwischen 50–80 mA liegen. Die damit entstehende höhere Temperatur des Chips bewirkt eine leichte Verschiebung der gesamten Kennlinie nach rechts. Diese grundsätzliche Abhängigkeit von der Temperatur ist im Diagramm mit den $\pm\delta$-Zeichen angedeutet. Wenn wir diese Kennlinie selbst anfertigen wollten, dann müßten wir für eine konstante Temperatur (z.B. 25 °C) der Diode sorgen, egal, welchen Strom wir einspeisen.

Dies läßt sich nur mit einer aufwendigen Temperaturstabilisierung erreichen, die meist mit sogenannten Peltier-Elementen aufgebaut wird. Die Konstanz einer derartigen Anlage liegt bei $\pm 0{,}1\,°C$. Wegen dieses Aufwandes verzichten wir auf die Aufnahme von Kennlinien. Der Hersteller liefert, wegen der damit verbundenen Kosten, bei diesen preiswerten Dioden auch kein Diagramm mit, sondern druckt die Nenndaten auf die Verpackung auf. Diese Angaben sind für uns auch vollkommen ausreichend, da wir die ordnungsgemäße Funktion ohnehin anhand des optischen Ausgangssignales einstellen.

Die einfachste Betriebsart ist natürlich die Erzeugung von Dauerlicht. Dafür ist ein Gleichstrom von 60–100 mA notwendig. Alle Angaben auf der Verpackung beziehen sich auf eine Ausgangsleistung P_O von 3 mW. Der dazugehörende Strom ist mit I_{OP} bezeichnet. Bei der Kennlinie in Abb. 9.2 sind es ca. 53 mA. Wenn keine Temperaturstabilisation vorhanden ist, wird bei Betrieb mit diesem Strom eine geringere Ausgangsleistung die Folge sein, wegen der Temperaturerhöhung. Wir können daher die Leistungsangaben nicht direkt nachprüfen. Die nachfolgende Betriebsschaltung ist nur für den Impulsbetrieb ausgelegt, da wir die CW-Diode in erster Linie als Prüfsender für verschiedene Impulsbreiten benötigen.

9.4 Betriebsschaltung CW-Diode

Die CW-Laserdiode ist das einzige Bauteil, mit dem wir Spannungsimpulse von 20 nsec bis 1 µsec, wie sie unser LTG erzeugt, in Lichtimpulse konstanter Amplitude umwandeln können. Die LED kann Impulse unter 1 µsec nur mit stark verminderter Leistung und verfälschter Form abgeben, und die später beschriebene Impuls-Laserdiode darf nur bei Impulsbreiten von ≤ 20 nsec mit höchster Arbeitsfrequenz betrieben werden. Da man aber häufig, z. B. beim Aufbau einer Empfängerschaltung, erst einmal die Impulstauglichkeit (Bandbreite) prüfen muß, benötigt man einen Sender konstanter Leistung für alle denkbaren Impulsbreiten.

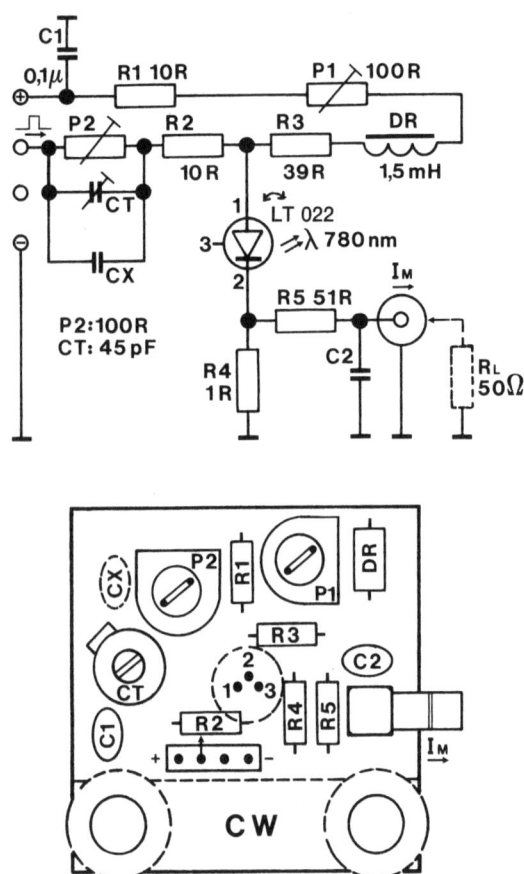

Abb. 9.3 Betriebsschaltung und Bestückungsplan CW

Die *Abb. 9.3* zeigt die Betriebsschaltung und den Bestückungs-plan für die Platine aus dem CW-Bausatz (TS). Die Schaltung ist dem bei der LED verwendeten Schema sehr ähnlich. Damit die Impulsform des ansteuernden Generators möglichst unverfälscht in Licht verwandelt wird, ist es erforderlich, die Diode mit einem Vorstrom zu betreiben, der, ohne Impuls, unterhalb des I_{TH} liegt. Der Vorstrom wird über zwei Festwiderstände (R1, R3) und dem Trimmer P1 zugeführt. Die ebenfalls in dieser Reihenschaltung befindliche Drossel DR hat eine besondere Aufgabe.

Bei jeder Inbetriebsetzung von CW-Dioden, also nicht nur bei der Erstinbetriebnahme nach dem Schaltungsaufbau, muß gewährleistet sein, daß der Gesamtstrom, der die Diode durch-fließt, in keine Fall über den zulässigen Grenzwert hinausgeht.

Die erste und einfachste Maßnahme dabei ist leicht zu merken: – An eine CW-Diodenschaltung wird niemals die eingeschaltete Betriebsspannung angelegt! – Stets ist bei ausgeschaltetem Netz-gerät immer zuerst die CW-Platine auf die LTG-Platine aufzu-stecken und dann die 5 V-Versorgung anzuschließen. Dann kann das Netzgerät (NG oder anderes) eingeschaltet werden, ohne die Zerstörung der CW-Diode zu riskieren!

9.5 Stromversorgung

Zum besseren Verständnis und zur Erläuterung der Funktion der Drossel DR sind hier ein paar Hinweise zur Stromversorgung von Digitalschaltungen angebracht.

Besondere Beachtung ist der ausreichenden „Entkopplung" von Spannungserzeugung (Netzteil) und Verbraucher (ICs und Laserdiode) zu widmen. Alle Arten von Spannungsreglern, also nicht nur die integrierten Arten, wie die 78XX-Reihe, sondern auch alle diskret aufgebauten, haben eine sogenannte „Ausregel-zeit". so wird der Zeitraum genannt, den der Regler benötigt, um eine Störung, d. h. eine sprunghafte Änderung, z. B. der Eingangsspannung oder des Laststromes auszugleichen. Diese Zeit beträgt im allgemeinen um 50–100 μsec. Solange die Ausregelung dauert, ist die Ausgangsspanung des Reglers nicht stabil, sie kann bis zu ± 10% vom Nominalwert abweichen. Auf sehr kurzfristige Stromänderungen, wie sie die digitalen ICs im nsec-Bereich verursachen, kann ein Spannungsregler überhaupt nicht reagieren. Damit während derartiger Stromspitzen die Spannung am Verbraucher aber dennoch nicht zusammenbricht, baut man die sogenannten „Entkopplungs- oder Stützkondensatoren" ein.

Die Kapazitätswerte brauchen nicht besonders groß zu sein. Wichtig ist die ausreichende Anzahl von Kondensatoren und ihre richtige Plazierung im Layout. Als Faustformel nimmt man je IC (oder aktives Bauteil) je einen Kondensator von 0,1 μF. Dieser sollte ein Keramiktyp sein, wegen des besseren Impulsverhaltens. Kommen in einer Schaltung Stromänderungen vor, die wesentlich länger als etwa 5 μsec dauern, so sollte man zudem an den Einspeisepunkten auf der Platine, oder im Layout verteilt, noch Elektrolytkondensatoren, vorzugsweise Tantaltypen, einbauen. Alle Entkopplungskondensatoren zusammen müssen den Strombedarf der gesamten Schaltung für min. 100 μsec liefern können. Länger dauernde Stromänderungen, wie z.B. statische Änderungen, kann der Spannungsregler dann leicht selbst ausgleichen.
Werden diese Regeln nicht beachtet, so treten an den Versorgungspunkten sehr leicht Einbrüche in der Spannung auf, die sogenannten „Spikes". Bei einer negativen Belastungsänderung, d.h. ein Bauteil benötigt sprunghaft weniger Strom als zuvor, kommt es grundsätzlich zu einer kurzzeitigen Spannungsüberhöhung. Den Digital-ICs fügt das keinen Schaden zu, solange die Änderung nur einige % beträgt. Bei unserer Laserdiode ist das aber etwas kritischer. Auf ihre Empfindlichkeit gegen auch nur kurzseitige (nsec!) Stromüberschreitungen wurde schon hingewiesen.
Fügt man in die Zuleitung der Gleichstromversorgung eine Induktivität hinreichender Größe ein, so werden die sprunghaften

Spannungsänderungen verzögert an die Laserdiode weitergegeben.

Bei einer Induktivität von 1,5 mH und den hier vorkommenden Strömen beträgt die Verzögerung einige msec. Selbst eine Überhöhung der Speisespannung von +20% wird dadurch auf einen Wert von unter 1% gemildert, wenn sie nicht länger als die schon mehrfach genannten 50–100 µsec anhält. Gegen das Anlegen einer erheblich zu hohen Spannung ist sie natürlich kein Mittel. In professionellen Geräten mit CW-Dioden wird ein nicht unerheblicher Aufwand für den Schutz der Laser gegen kurzzeitige Spannungsspitzen getrieben.

Um den Aufwand und den Schaltungsumfang für uns in erträglichen Grenzen zu halten, wurden hier nur die notwendigsten Maßnahmen vorgesehen. Dazu gehört aber auch unbedingt die Beachtung der anfangs erwähnten Einschaltregeln.

Die Drossel hat, zusammen mit den Vorwiderständen, zusätzlich die Aufgabe, einen Kurzschluß der über R2 eingespeisten Modulationsspannung zu verhindern. Diese würde sonst zum Teil über die Entkopplungskondensatoren gegen Masse abgeleitet.

Wenn eine Modulation mit sinusförmiger Wechselspannung erfolgen soll, dann ist die Dimensionierung der Drossel erheblich schwieriger. Sie muß dann nämlich auch der tiefsten Signalfrequenz einen hinreichenden Wechselstromwiderstand bieten. Das führt bei Anwendungen z.B. im NF-Bereich schnell zu Werten von 1 H oder mehr. Da auf Grund der Bauformen derartiger Induktivitäten (Schalenkern o.ä.) keine Drosselwirkung im Bereich der Höchstfrequenzen mehr vorliegt (parasitäre Kapazität!), müssen mehrere Drosseln in der richtige Reihenfolge eingebaut werden. Wegen der aufgezeigten Probleme verzichten wir hier auf die Abhandlung der Analogmodulation einer CW-Diode.

9.6 Probebetrieb mit LED

Die Montage der Bauteile auf der CW-Platine kann ohne jede besondere Reihenfolge durchgeführt werden, nachdem die Ringe aufgelötet wurden. Die 3 kleinen Steckbuchsen für die CW-Diode müssen von der Lötseite her eingesetzt werden. Auf keinen Fall darf dabei Lötzinn in die Buchsen geraten, da diese sich sonst sofort vollsaugen! Wer ganz sicher gehen will, steckt einen Stahldraht von 0,6 mm Dicke während der Lötung in die jeweils zu verarbeitende Buchse.

Damit die ordnungsgemäße Funktion der Schaltung geprüft werden kann, bevor wir die teure CW-Diode einsetzen, verwenden wir die zweite LD274 aus dem LTG-Bausatz als Prüfelement. Damit sie in die Buchsen 1 und 2 gesteckt werden kann, müssen wir an die Drahtenden der LED kleine Drahtstücke von 0,6 mm Dicke anlöten, die von einem beliebigen Billigtransistor abge-

Abb. 9.4 LED-Testaufbau

trennt wurden. Diese Drahtstücke dürfen aber im Kontaktbereich nicht mit Lot benetzt werden. Die Kathodenseite der LED ist an der seitlichen Abflachung des Gehäuses zu erkennen.

Aus dem vorherigen Kapitel sollte noch der Meßaufbau mit dem LED-Kopf und der FD-Platine einsatzbereit sein. Damit sind alle Grundeinstellungen am Oszilloskop auch noch richtig. Wir schalten die Versorgungsspannungen ab und wechseln den LED-Kopf gegen die CW-Platine mit LED aus. Die Fotodiode kommt wieder davor, und zwar so, daß die LED die BPW34 berührt. Dafür muß die LED ein wenig hingebogen werden.

Der Aufbau müßte jetzt der *Abb. 9.4* entsprechen.

Die beiden Potentiometer P1 und P2 drehen wir an den linken Anschlag. Der Trimmer CT dient der Kompensation des Widerstandswertes von P2. Seine Wirkung können wir aber beim Betrieb mit der LED noch nicht sehen.

Nach dem Einschalten der beiden Versorgungsspannungen müßte sich das schon von den LED-Versuchen bekannte Bild des stark e-förmigen Impulses zeigen. Der Impuls erhebt sich auch hier aus einem Gleichlichtsockel und nicht von der Nullinie.

Die Anteile von Impulsamplitude und Sockelwert lassen sich mit den Potis einstellen, allerdings nicht ohne gegenseitige Beeinflussung. Bevor die Regler verstellt werden, wollen wir aber unsere Synchronisation des Oszilloskops umstellen, damit wir den Strommonitor I_M sehen können.

Bisher diente das Referenzsignal des LTG, dargestellt auf Kanal 1, zur Synchronisation. Wir können mit diesem Impuls aber auch das Oszilloskop starten, ohne das Signal darzustellen. Dafür benutzen wir den Eingang „EXT.TRIG". Eventuell muß er „TRIG-LEVEL" manuell eingestellt werden. Wenn alles richtig ist, muß auf Kanal 2 weiterhin das Ausgangssignal des FD-Kopfes sichtbar sein und die Grundlinie des Kanal 1 ist leer.

Mit einem dritten Kabel und einem weiteren 50-Ω-Anschluß wird das I_M-Signal von der CW-Platine nun an Kanal 1 (10 mV/

DIV) angeschlossen. Es sollten etwa 10 mV (= 20 mA!) Gleichstrom und auch ebensoviel Impulsstrom meßbar sein.

Wer ein 60 MHz-Oszilloskop hat, kann jetzt einmal die Wirkung des Trimmers CT ausprobieren. Seine Stellung verändert sehr stark die Anstiegs- und Abfallflanken des Stromimpulses. Der Widerstandswert von P2 wird nämlich durch die Kapazität mehr oder weniger überbrückt. Da der Kondensator aber sehr klein ist, reicht seine Wirkung nur für eine Beeinflussung der Flanken aus. Das ist aber auch schon der Sinn der Sache. Mit CT stellen wir später bei der CW-Diode eine einwandfreie Vorderflanke ein, um ein sauberes Prüfsignal zu erreichen. Der Einbauplatz für CX dient der Parallelschaltung eines kleinen Festkondensators, falls der Einstellbereich von CT einmal zu gering sein sollte.

Die optimale Einstellung ergibt sich, wenn die Flanken genau mit dem Impulsdach bzw. der Impulsnullinie abschließen und diese nicht überragen. Wer mit einem 20 MHz-Gerät arbeitet, kann diesen Effekt nicht ganz so deutlich sehen, nachweisbar müßte der Einfluß des Trimmers aber dennoch sein. Wir belassen CT in der optimalen Stellung und probieren die Potis aus.

Mit P2 wird die Amplitude des Impulsanteiles verändert. Beim nach rechts drehen muß der Strompegel kontinuierlich ansteigen. Dabei ist allerdings zu beobachten, daß die Nullinie des Impulses, also der Gleichlichtsockel, absinkt. Bei maximaler Impulsamplitude kommt es zu einer starken Verzerrung der abfallenden Flanke. Diese kann man wieder beseitigen, wenn mit P1 der Vorstrom erhöht wird. Sind beide Regler am Rechtsanschlag, so ergibt sich die maximale Impulsamplitude bei kleinstem Gleichlichtpegel. Der Stromhub am Impulsdach sollte dann etwa 120 mA (= 60 mV!) betragen. Der Vorstrom ist auf unter 5 mA abgesunken.

Bei allen Einstellversuchen hat sich natürlich das optische Ausgangssignal der LED mitverändert, wie man am Kanal 2 beobachten kann. Beide Potis werden wieder in Linksanschlag gebracht und die 5 V-Versorgung des LTG wird abgeschaltet. Die Einstellungen am Oszilloskop dürfen jetzt nicht blind verändert werden, da wir nun die CW-Diode einsetzen wollen.

9.7 Inbetriebnahme CW-Diode

Bevor wir die versiegelte Verpackung der CW-Diode öffnen, ist ein Blick auf die aufgedruckten Daten angebracht. Wegen der starken Streuung der Betriebswerte ist es schwer, eine Schaltung zu entwerfen, die den Streubereich abdeckt und gleichzeitig maximale Sicherheit gegen die Zerstörung der Diode durch Falscheinstellen der Regler bietet. Die maximalen Stromwerte von 120 mA Impulsstrom und ca. 60 mA Vorstrom können niemals gleichzeitig eingestellt werden, sondern nur wahlweise. Damit ist der größtmöglichste Schutz der Dioden gewährleistet. Dabei sollten sich alle Dioden der Serie LT022 einwandfrei in Betrieb setzen lassen. Die Ausgangsleistung der CW-Laser ist bei der angegebenen Dimensionierung der Betriebsschaltung auf ca. 3 mW (= Nennleistung im Impulsdach) gut einstellbar.

Drei Angaben von der Verpackung müssen wir uns genau ansehen. Der Wert I_{TH}, also der Schwellstrom, gilt für uns als absoluter Oberwert für die Vorstromeinstellung, da es für den Impulsbetrieb nicht erforderlich ist, die Diode schon im Gleichlichtbetrieb lasern zu lassen. Der Wert I_{OP}, also der Betriebsstrom, darf mit dem Impulsdach inklusive Vorstrom nicht deutlich überschritten werden, wenn wir die Lebensdauer der CW-Diode nicht unnütz strapazieren wollen.

Der dritte Wert gibt die Steilheit der Diode an. Ein typischer Wert ist 0,22 mW/mA. Da eine Ausgangsleistung von ca. 5 mW als absoluter Grenzwert angegeben wird, darf der maximale Impulsstrom (oder ein Gleichstrom) nicht mehr als ca. 10 mA über dem Wert von I_{OP} liegen, da dieser für 3 mW angegeben wird. Der Sicherheitsspielraum ist also nicht so reichlich bemessen.

Wir wollen es also wagen, und die Diode aus der Schachtel nehmen. Dabei sollten die Anschlüsse nicht berührt werden! Die Anschlußdrähte werden nicht gekürzt, da das Hervorragen der Diode nicht stört. Nach dem Eindrücken der CW-Diode wird der FD-Kopf wie zuvor bei der LED ganz nah an das Fenster des Lasers herangeschoben.

Nach dem Einschalten der 5 V muß am Oszilloskop Kanal 1 sofort ein Diodenstrom I_M angezeigt werden. Das Impulsdach liegt allerdings meist deutlich unterhalb des Schwellstromes.

Das Signal der Fotodiode Kanal 2 ist nur sehr klein: kaum einige mV. Das ist aber kein Anlaß zur Sorge, sondern normal. Unter ständiger Beobachtung der Stromanzeige drehen wir den Trimmer für den Vorstrom nur langsam nach rechts. Ab einem bestimmten Wert des Vorstromes reagiert die Laserdiode fast sprunghaft mit einer Zunahme der Ausgangsleistung. Der Vorstrom wird aber nur so hoch eingestellt, daß sich an der Fotodiode ein Wert von etwa 5 mV einstellt. Jetzt können wir den Trimmer für den Impulsanteil aufdrehen, bis zu einer Gesamtamplitude von 20–30 mV. Mehr Ausgangsleistung ist zwar möglich, führt aber in vielen Fällen zu einer Verzerrung des Impulsdaches. Die abgestrahlte Leistung ist aber völlig ausreichend für alle Meßaufgaben. Die Impulsform soll vor allem möglichst sauber rechteckig sein.

Es bleibt uns nur noch, den Trimmkondensator CT einzustellen. Dafür wird die Zeitablenkung des Oszilloskops auf 50 nsec/ DIV umgeschaltet, um die Anstiegsflanke des Impulses besser sichtbar zu machen. Die Bildfolge in *Abb. 9.5* zeigt in der Mitte die korrekte Einstellung der Kompensation. Falls der Trimmer keine ausreichende Einstellmöglichkeit bietet, muß ein kleiner Festkondensator (22 pF) nachträglich bei CX eingelötet werden. Den korrekten Abgleich kann man nur anhand des Signales der Fotodiode beurteilen, da die Strommeßeinrichtung für I_M mit R5

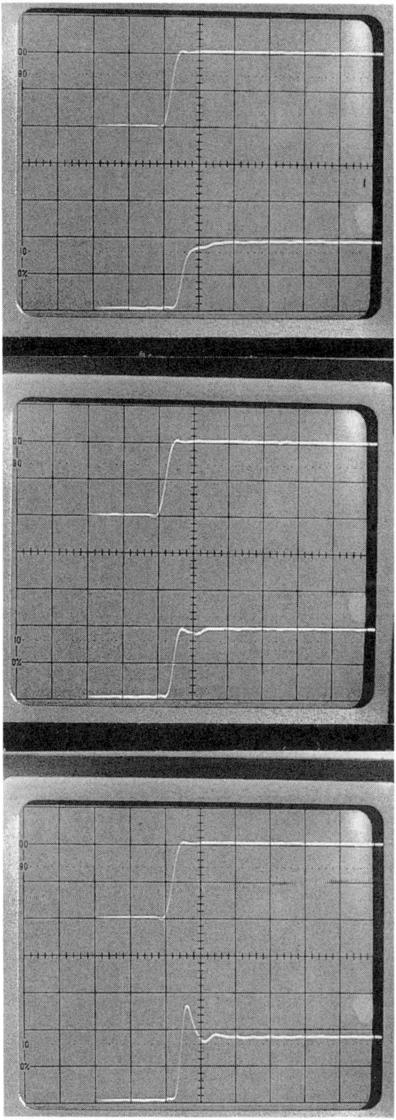

Abb. 9.5
Einstellung der
Kompensation

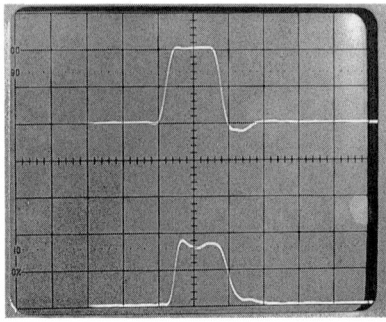

*Abb. 9.6 20-nsec-CW-Impuls

und C2 gefiltert ist. Es sei hier nochmals erwähnt, daß nur die Besitzer von 60 MHz-Oszilloskopen diese Einstellung mit voller Genauigkeit vornehmen können. Wer mit einem 20 MHz-Gerät arbeitet, muß einen gewissen Restfehler leider in Kauf nehmen.

Wenn wir den LTG nun in die 20 nsec-Einstellung umschalten, dann sollte die Anstiegsflanke des Lasersignales keine Veränderung aufweisen. Die *Abb. 9.6* zeigt uns den korrekten Impuls von 20 nsec. Damit ist der Nachweis der Tauglichkeit unseres BPW34-Kopfes auch gleich erbracht.

Uns steht jetzt ein optischer Prüfimpuls mit $\lambda = 780$ nm im Zeitbereich von 20 nsec bis zu 1 µsec zur Verfügung, der eine feste Amplitude hat. Eine Bestimmung der absoluten Leistung ist aber nicht notwendig, da bei der Kalibration von Fotodioden oder Empfängern ohnehin immer eine festgelegte Leistung auf das Meßobjekt aufgestrahlt werden muß, die nur einen Bruchteil der Gesamtleistung der Laserdiode ausmacht. Wie dies mit Hilfe von Blenden oder Glasfasern zu bewerkstelligen ist, steht ausführlich im Applikationsband.

Die *Abb. 9.7* zeigt den CW-Sender auf der Optischen Bank.

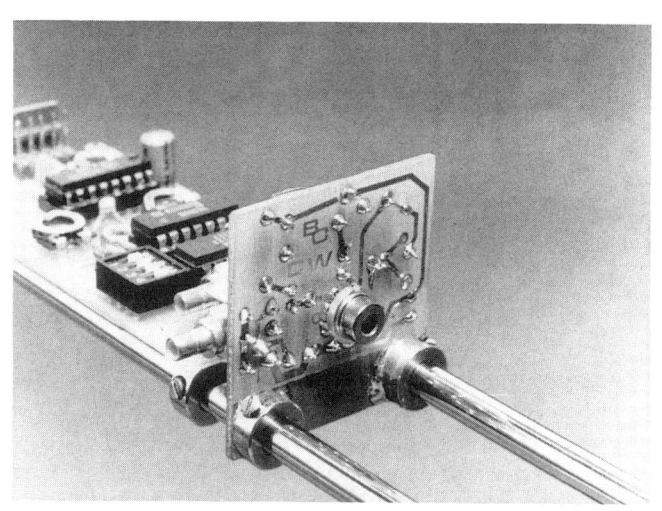

Abb. 9.7 CW-Sender auf der Optischen Bank

10 Impulslaser

10.1 Typen

Impulslaser gibt es mit Ausgangsleitungen von einigen Watt bis über 1 kW. Die höheren Leistungen, ab etwa 25–50 W, werden nun aber nicht in einem einzelnen Chip erzeugt, sondern durch Kombination von bis zu hundert Einzelsystemen. Dabei werden die Dioden entweder einfach übereinander gestapelt (engl. stacked array), oder aber einzeln an Glasfasern angekoppelt und diese zu einem Bündel gesammelt, an dessen Ende eine neue Quelle zur Verfügung steht (engl. fiber array).

Wir werden uns vorerst nur mit den Einzelchip-Lasern (engl. single heterodyn) befassen, da diese Typen erheblich preiswerter sind und dennoch Leistungen von über 10 W ermöglichen.

Die verwendete Laserdiode vom Typ LD74 des amerikanischen Herstellers Laser Diode INC. ist ein preisgünstiges Bauteil, mit einer Ausgangsleistung von ca. 5–8 W. Den Aufbau zeigt uns die *Abb. 10.1.*

Bauteileliste Kapitel 10

- Optische Bank mit LTG
- Oszilloskop
- 50-Ω-Teilesatz
- Impulslaser-Bausatz
- LED-Kopf
- FD-Kopf
- Netzgerät NG komplett aufgebaut

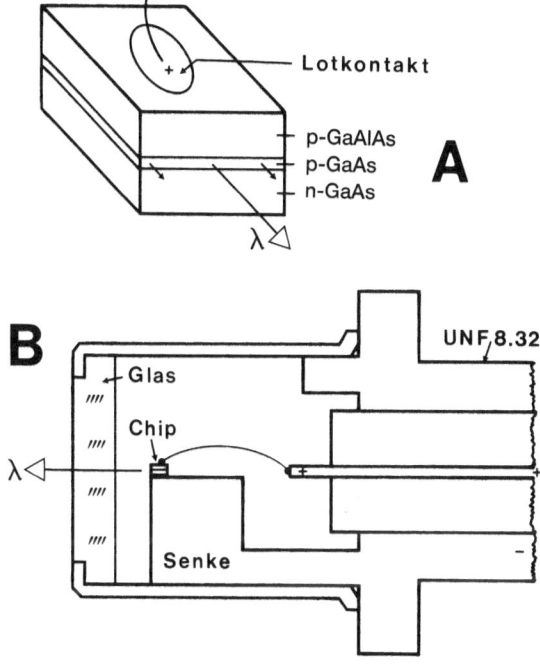

Abb. 10.1 Impulslaser LD74

10.2 Impulsbetrieb

Die Impulslaserdiode unterscheidet sich vom CW-Typ in zwei
ganz wesentlichen Punkten: zum einen in der Leistung, die bei
CW-Dioden normalerweise im mW-Bereich bleibt, bei Impulslasern aber selten unter 5 W liegt und bis zu mehreren 100 W
(arrays) betragen kann. Zum anderen in den Betriebsströmen,
bei CW-Typen stets im mA-Bereich und bei Impulslasern bis zu
50 A.

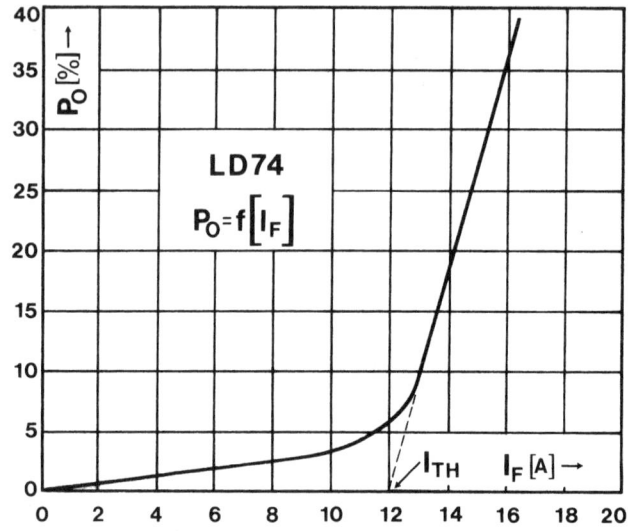

Abb. 10.2 Kennlinie LD 74

Wegen dieser hohen Ströme ist ein Gleichstrombetrieb von Impulslaserdioden unmöglich. Die Durchlaßspannung der Diode LD74 beträgt bei einem Strom von 40 A ca. 10 V, das wäre eine Gleichstromverlustleistung von 400 W!

Die Strom-Leistungs-Kennlinie in *Abb. 10.2* zeigt nur einen Ausschnitt aus dem Gesamtstrombereich, der bis 40 A reicht. Dafür ist so der Anlaufbereich besser darstellbar. Die Kurvenform und die Methode der Schwelstromermittlung erinnert sehr an die CW-Diode. Ein Vorstrom zur Linearisierung ist hier aber nicht möglich, sondern jeglicher Gleichstromanteil muß sogar vermieden werden.

Die hohen Stromwerte von bis zu 40 A stellen an die Betriebsschaltung besondere Anforderungen. Bevor wir uns dieser zuwenden, müssen noch einige weitere Betriebsdaten bekannt sein. Die zulässige Verlustleistung der LD74 ist nicht höher als die der CW-Diode, also bestenfalls einige 100 mW. Damit dieser Wert nicht überschritten wird, darf die Impulsbreite der Stromimpulse und ihre Wiederholrate, d.h. die „Triggerfrequenz", nur innerhalb gewisser Grenzen liegen.

10.3 Grenzwerte

Für nahezu alle Typen von Impulsdioden haben sich die Grenzwerte von 200 nsec und 1 kHz eingebürgert. Im Einzelnen bedeuten sie: die (vom Stromimpuls) herbeigeführte Dauer jedes (auch eines einzelnen) Lichtimpulses darf 200 nsec nicht überschreiten. Werden Laserimpulse von 200 nsec erzeugt, dann darf die Impulsfolge (Triggerfrequenz) nicht mehr als 1000 Hz betragen.

Aus diesen Werten kann man ein dimensionsloses Produkt bilden

$$200 \times 10^{-9} \sec \times 1 \times 10^{3} \, Hz = 200 \times 10^{-6}$$

Solange die so errechnete Zahl nicht überschritten wird, darf jeder beliebige Wert für Impulsbreite und Triggerfrequenz angenommen werden.

Werden also Impulse von 10 nsec erzeugt, dann ist eine Wiederholrate von 20 kHz zulässig. Mit geeigneten Maßnahmen ist sogar ein Betrieb mit noch höheren Frequenzen möglich sofern dieser intervallartig erfolgt, also z.B. 10 nsec bei 40 kHz, aber dann mit 0,5 sec Pause und 0,5 sec Triggerung.

Die hohe Triggerfrequenz ermöglicht z.B. eine Anwendung in der Datenübertragung (20 kBd) oder auch recht hochwertige Nf-Übertragung nach dem FM-Prinzip. Damit eine weitgehende Ausnutzung dieser Möglichkeiten gegeben bleibt, betreibt man die Impulslaserdioden vornehmlich mit Impulsen von 10–20 nsec Dauer. Betrachten wir nun noch den Einfluß der o. g. dimensionslosen Zahl auf die Strahlungsleistung.

Mit der Leistungsangabe „10 W" für einen Einzelimpuls und den Grenzwerten „200 nsec" und „1 kHz" kann man eine Integralleistung errechnen:

$$10\,W \cdot (200 \times 10^{-9}) \times (1 \times 10^3) = (2000 \times 10^{-6})$$
$$= (2 \times 10^{-3}) = 2\,mW$$

Die Wirkleistung einer solchen Impulsdiode ist also bei Ausnutzung aller Grenzwerte annähernd genauso hoch wie die der CW-Diode. Es sei hier deshalb nochmals an die Regeln für den Umgang mit Laserlicht in Bezug auf die menschlichen Augen erinnert!

10.4 Betriebsschaltung

Die Aufgabe der Betriebsschaltung ist es, Stromimpulse von bis zu 40 A mit einer Impulsbreite von 15–20 nsec zu erzeugen. Bedingt durch die kleine Impulsbreite, aber auch durch die Notwendigkeit, keine unnötigen Verlustleistungen in der Diode zu verursachen, muß die Flankenzeit des Stromimpulses in der Größenordnung von 1 nsec! liegen. Transistoren mit einer Nutzfrequenz von 350 MHz, d.h. einer Transitfrequenz von min. 2 Ghz und einem zulässigen Kollektorstrom von 40 A, gibt es aber allenfalls für den Einsatz in UHF-Sendeendstufen. Für den Preis eines einzigen Transistors könnte man 10 Laserdioden kaufen.

Ausgehend von einer hohen Betriebsspannung von 200–300 V anstelle von 12 oder 24 V gibt es aber die Möglichkeit, in einer speziellen Betriebsweise mit Transistoren zu arbeiten, die nur etwa soviel wie die Laserdiode kosten.

Gemeint ist der Betrieb eines Transistor im Grenzbereich, dem sogenannten „Avalanche-Bereich". Der englische Ausdruck bedeutet soviel wie Lawinendurchbruch. Prinzipiell gibt es diesen Kennlinienbereich bei jedem Transistor, aber es gibt nur sehr wenige Typen, bei denen der Effekt nutzbar ist, ohne den Transistor zu zerstören. Auch bei diesen Typen müssen die geeigneten Einzelstücke selektiert werden. Die genaue Funktion dieses Effektes ist recht komplex und für den reinen Anwender nicht so wesentlich, so daß hier lediglich die Prinzipien und die Regeln für den Umgang mit den „Avalanche-Transistoren" aufgezeigt werden. Geeignete, also bereits selektierte Transistoren, sind im Bausatz enthalten.

Das Schaltbild in *Abb. 10.3* zeigt den zweistufigen Avalanche-Schalter. Jede einzelne Stufe erzeugt einen Impuls eigener Breite, sobald sie ausgelöst, d. h. „getriggert" wird. Die Dauer des Eingangsimpulses ist dabei unerheblich.

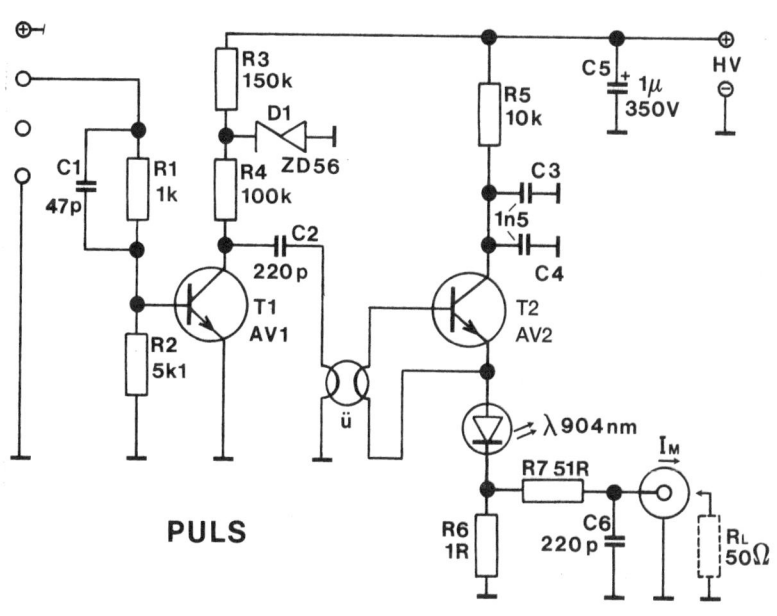

Abb. 10.3 Betriebsschaltung PULS

133

Anhand der „Steuerstufe" mit Transistor T1 soll der Ablauf erläutert werden: solange kein Eingangsimpuls vom LTG eingespeist wird, liegt der Kollektor von T1 auf einer Spannung von ca. 56 V, entsprechend der Zenerdiode D1. Der Kondensator C2 ist ebenfalls auf diesen Wert aufgeladen. Die masseseitige Verbindung von C2 ist über die Primärwicklung eines Übertragers Ü geführt. Die Bezeichnung „Wicklung" ist eigentlich kaum zulässig, da beide Wicklungen nur aus einer Drahtschlinge um einen 6 mm-Ringkern bestehen. Dieser Ferritkern ist auch schon beim Aufbau des LTG eingesetzt worden. Der Transformator dient nur der galvanischen Abtrennung der „Leistungsstufe" mit T2 und beeinflußt die Funktionsweise der Avalanche-Schalter nicht.

Die Spannung von 56 V liegt unterhalb der zulässigen Kollektor-Emitterspannung von T1. Es fließt daher nur ein sehr geringer Reststrom durch den Transistor. Wird die Schaltung nun über einen Eingangsimpuls getriggert, dann entlädt sich der Kondensator C2 schlagartig über den Transistor. Wegen der hohen Spannung an C2 und vor allem der Tatsache, daß im Stromweg praktisch keinerlei Widerstand vorhanden ist, kommt es innerhalb der Kristallstruktur zu einer kurzfristigen Umstrukturierung. Es bildet sich ein extrem niederohmiger Strompfad aus, der Stromstärken von 10 A zuläßt. Das ist 10–20mal mehr, als dieser Transistor in einem normalen Schalterbetrieb überhaupt bewältigen kann. Dies ist das wesentlichste Merkmal eines solchen Avalanche-Durchbruchs.

Die Dimensionierung der Bauteile C2 und R4 bestimmt, ob der Transistor der Avalanche-Durchbruch überlebt oder nicht. Ist der Widerstand zu klein, oder der Kondensator zu groß, dann ist ein einziger derartiger Durchbruch das Ende des Transistors.

Ausschlaggebend ist letztlich nur die Dauer des Stromimpulses. Da der gesamte Strom ausschließlich dem Kondensator C2 entnommen wird, ist dieser für die Impulsdauer verantwortlich. Wie hoch der Spitzenstrom während der Entladung ist, entscheidet der Transistortyp. Der Steuertransistor AV1 liefert etwa 5–10 A, der Leistungstyp AV2 aber maximal 50 A.

Beim AV1 ist eine Kapazität von etwa 1 nF zulässig, beim AV2 sind es maximal 3 nF. Die damit erzielbaren Impulszeiten liegen bei 10 nsec bzw. 20 nsec. Größere Kapazitäten würden eine längere Entladung und die Zerstörung der Transistoren bedeuten.

Nach jedem Impuls ist der Kondensator vollständig entleert und muß vor der nächsten Triggerung wieder vollständig aufgeladen werden. Die Zeitkonstante R4-C2 bzw. R5-C3 + C4 bestimmt daher die maximale Folgefrequenz. Wegen der vollständigen Aufladung muß aber statt der einfachen Zeitkonstante τ der Wert 5τ angesetzt werden. Für die Steuerstufe ergibt sich so eine max. Triggerfrequenz von etwa 10 kHz und für die Leistungsstufe etwas mehr als 5 kHz. In beiden Stufen können die Widerstände bei Bedarf so verringert werden, daß eine Arbeitsfrequenz von 20 kHz noch möglich ist. Bei noch kleineren Widerständen oder zu hohen Betriebsspannungen kommt es zu sogenannten „Eigendurchbrüchen". Die Transistoren lösen dann auch ohne Triggerung Stromimpulse aus und werden dabei sogar zum Oszillator. Das bedeutet dann meist ihr vorzeitiges Ende.

Im Falle der Leistungsstufe würde dabei möglicherweise auch die Laserdiode zerstört. Die Kollektorspannung der Steuerstufe ist mit 56 V so weit unterhalb des zulässigen Wertes stabilisiert, daß ein problemloser Betrieb mit einer Hochspannung von maximal 300 V möglich ist. Die Stufe mit dem Laser hat keine Begrenzung, um die Stromimpulse der Laserdiode anpassen zu können. Der Spitzenstrom wird nämlich außer durch den Transistortyp auch durch die Betriebsspannung festgelegt. Der Avalanche-Effekt setzt beim AV2 bei einer Spannung von 160–180 V ein und kann bis zu einem Wert von 260–280 V aufrechterhalten werden. Aufgrund des immer noch vorhandenen Restwiderstandes der Kollektor-Emitterstrecke und der Kennlinie der Laserdiode erhöht sich innerhalb des Bereiches von 180–280 V ständig der Strom, so daß wir hier eine bequeme Einstellmöglichkeit finden.

Das bedeutet aber auch, daß wie bei der CW-Diode die Erstinbetriebnahme nicht durch Anlegen einer festen Spannung erfolgen darf, sondern nur durch langsames Hochfahren der Versorgung von 0 V aus. Daher liefert das Netzgerät NG eine Spannung von 0–300 V. Ist die Erstinbetriebnahme vorbei, dann kann auch der weitere Betrieb an einer festen Spannung keinen Schaden mehr verursachen.

10.5 Aufbau und Inbetriebnahme

Die *Abb. 10.4* zeigt den Bestückungsplan der Puls-Platine. Nach der Montage der Ringe wird zuerst die Zentralbohrung, die für die Aufnahme des Zentrierdorns diente, auf 4 mm aufgebohrt. Das sollte mit einiger Vorsicht erfolgen, um nicht unnötig viel von der Kaschierung zu beschädigen, die ja den Massekontakt der Laserdiode darstellt. Die Laserdiode wird als erstes eingebaut, da es sonst Probleme beim Anziehen der Mutter gibt. Die Diode wird von der Lötseite her eingesetzt, wobei darauf zu achten ist, daß der Chip oben liegt und waagrecht ausgerichtet ist. Der

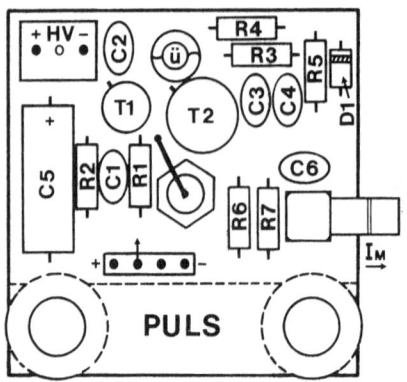

Abb. 10.4 Bestückungsplan PULS

136

Anzug der Mutter erfolgt mit mäßiger Kraft. Den langen Anschlußdraht der Diode schneiden wir 5 mm hinter dem Gehäuseaustritt ab und benutzen das abgetrennte Ende gleich weiter. Mit der Flachzange wird das eine Ende auf ca. 6 mm um 90° abgebogen und dann das andere Ende in die Platine eingesteckt. Jetzt wird zuerst an der Diode und dann auf der Platine das Drahtstück angelötet. Diese etwas umständliche Methode ist notwendig, da der Anschlußdraht des Lasers etwas spröde ist und keinesfalls gebogen werden darf!

Für den Anschluß des Ringkernes werden zwei Schaltdrahtstücke (Rest von Widerstandsbestückung) zur Haarnadel mit 1,5 mm Innenbreite geformt und über den Kern gestreift. Dann wird alles gemeinsam in die Platine eingesetzt. Jeweils eine Seite der Drahtschleifen wird angelötet und dann die andere mit einer Zange straffgezogen, um eine gute Anlage am Ferritkern zu erreichen. Danach können die anderen Enden angelötet und alles gekürzt werden. Ringkern und „Wicklungen" sollten danach bündig aufgebracht sein.

Der Steuertransistor wird mit ca. 2 mm Abstand zur Platinenfläche eingebaut und der Leistungstransistor bündig. Alle anderen Bauteile können ohne besondere Reihenfolge montiert werden.

Das Versorgungskabel zum NG sollte nicht länger als etwa 1 m sein, da die Stromimpulse recht starke Störsignale erzeugen. Es ist generell vorteilhaft, wenn auch etwas mühsam, alle Versorgungskabel auf ihrer ganzen Länge zu verdrillen. Dazu ein Tip: zwei Adern der erforderlichen Länge +20% parallel halten und an beiden Enden verknoten. Eine Seite in den Schraubstock einspannen und die andere in eine Bohrmaschine mit regelbarer Geschwindigkeit. Bei kleinster Drehzahl sorgsam verdrillen. Dabei der eintretenden Verkürzung folgen. Die eingespannten Kabelsegmente abschneiden. Das fertige Kabel drillt kaum auf und sieht sehr gleichmäßig aus.

Zur Vorbereitung der Inbetriebnahme verfahren wir wie bei der CW-Diode. Mit dem LED-Kopf und der BPW34 wird der

Meßplatz eingerichtet. Das Oszilloskop wird dabei vom LTG wieder extern getriggert, so daß der Kanal II für die Stromanzeige frei ist.

Der Generator wird auf die kleinstmögliche Frequenz gestellt. Die Einstellung der Impulsbreite kann bei 1 µsec bleiben. Der LED-Kopf wird nun gegen den Impulslaserkopf ausgetauscht und alle Koaxialanschlüsse wiederhergestellt. Am 1 µF-Elko auf der Puls-Platine kann das DVM (min. 500 V-Bereich) angeklemmt werden. Nachdem wir uns vergewissert haben, daß das HV-Poti auf 0 steht, kann das Netzgerät wieder eingeschaltet werden.

Die Einstellung am Oszilloskop sollte wie folgt sein: Kanal 1 mit 0,2 V/DIV für den FD-Kopf, Kanal 2 mit 5 V/DIV, das entspricht 10 A/DIV und einer Zeitablenkung von 50 nsec/DIV. Die Fotodiode wird ohne Abstand vor der LD74 plaziert.

Die Besonderheit bei der Inbetriebnahme des Impulslasers und der Konfiguration des Meßaufbaues liegt in dem Umstand, daß man vor Beginn des Avalanche-Effektes praktisch keine Reaktion auf das langsame Hochfahren der Betriebsspannung hat.

Bei einer Betriebsspannung von 160–180 V erscheint sprunghaft ein zuerst kleiner Stromimpuls auf dem Kanal 2. Gleichzeitig ist auch ein Signal auf dem Fotodioden-Kanal sichtbar.

Falls bis zu einer Spannung von 200 V überhaupt keine Reaktion erfolgt, dann sollte man die Hochspannung wieder auf Null stellen und den gesamten Aufbau sorgfältig prüfen.

Andernfalls können wir die Spannung langsam weiter erhöhen. Sowohl die Stromanzeige wie auch die Ausgangsleistung müssen dabei stetig zunehmen. Der FD-Kopf muß dabei immer weiter von dem Laser entfernt werden, spätestens immer dann, wenn die Ausgangsspannung 1 V übersteigt. Die BPW34 wird sonst übersteuert und zeigt dann eine falsche Impulsform an.

Wenn alles richtig funktioniert, sollte zum Schluß ein Oszillogramm wie in *Abb. 10.5* zu sehen sein. Eine Spannung von max. 280 V sollte man aber keinesfalls überschreiten, meist wird bei etwa 260 V die maximale Ausgangsleistung schon erreicht. Die

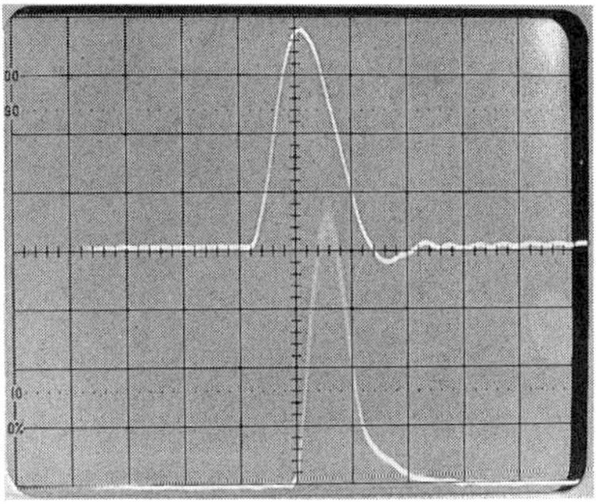

Abb. 10.5 Stromimpuls
und Ausgangssignal

Grenze für Eigendurchbrüche der Transistoren AV2 liegt erfahrungsgemäß bei ca. 300 V, so daß hier ein guter Abstand bleibt.

10.6 Signalanalyse

Wenn die Erstinbetriebnahme erfolgreich war, können wir den Vorgang noch einmal in aller Ruhe wiederholen und dabei etwas genauer den Ausgangsimpuls betrachten. Die etwas dreieckige Impulsform ist typisch für die Betriebsweise mit einem Avalanche-Schalter. Die Anstiegszeit der Laserdiode ist aber noch erheblich kürzer als hier darstellbar. Sie liegt real bei etwa 0,5–1 nsec. Der Signalabfall ist annähernd e-förmig, da als Quelle des Impulsstromes ein Kondensator dient.

Besonders auffällig ist die Unschärfe der Impulsspitze. Dies tritt nur bei optischen Ausgangsimpuls auf, nicht aber in der Darstellung des Stromimpulses. Dieser „Amplitudenjitter" ist eine Eigenheit der Impulslaser. Jeder abgestrahlte Lichtimpuls ist ein „Unikat", d. h. seine Amplitude kann nur mit einer Unschärfe von etwa 5% vorhergesagt werden. Da die Darstellung am Oszilloskop mit einer Wiederholrate von etwa 2 kHz erfolgt, überlagern sich in unserem Auge die nacheinander folgenden Darstellungen, so daß die Varitionen der Amplituden sichtbar werden. Der stets vorhandene Amplitudenjitter bedingt bei der Konzeption von Empfangssystemen die Signalauswertung über sogenannte „Komperatoren", d. h. Schwellwertschalter. Jegliche Art von pseudoanaloger Modulation, z. B. über die Variation der Betriebsspanung (AM-Modulation) ist unsinnig, da die Verzerrungen durch den Jitter zu stark wären.

10.7 Lebensdauer

Beim langsamen Hochfahren der Betriebsspannung kann man auch beobachten, wie nach dem sprunghaften Einsetzen der Signale die Amplitude der Ausgangsleistung im Bereich von etwa 180–260 V recht kontinuierlich ansteigt. Von 260–280 V ist durchaus noch ein Leistungszuwachs zu sehen, aber er ist doch erheblich geringer. Diese letzten 20 V sollte man der gesamten Schaltung als Systemreserve belassen und nicht unbedingt jedes Prozent an Ausgangsleistung herausholen wollen. Die Laserdioden haben eine Lebenserwartung von einigen 1000 h. Je zurückhaltender die Betriebsdaten eingestellt werden, desto länger ist die Lebensdauer. Die Triggerfrequenz darf in diesem Aufbau bis etwa 5 kHz erhöht werden, ohne das ein Leistungsabfall sichtbar wird. Bei einer normalen Raumtemperatur bis 25 °C ist dabei noch keinerlei Kühlung erforderlich.

Das vorgestellte Modul soll keinen Hochleistungssender darstellen, sondern nur erstes Bauprojekt in einer ganzen Reihe von Möglichkeiten sein. Die Ausgangsleistung können wir bei der Diode nicht direkt nachmessen, da die BPW34 die Leistung von ca. 5–8 W nicht verarbeiten kann. Dafür ist Meßaufbau mit Linsen und Filtern erforderlich, der im Applikationsband beschrieben wird. Eine Abschätzung kann aber auch auf einfache Art erfolgen. Bei einer Entfernung von ca. 20 cm zwischen LD74 und FD-Kopf sollte noch etwa 1 V Signalamplitude meßbar sein, dann ist die mögliche Leistung erreicht.

Die *Abb. 10.6* zeigt den Impuls-Sender auf der Optischen Bank.

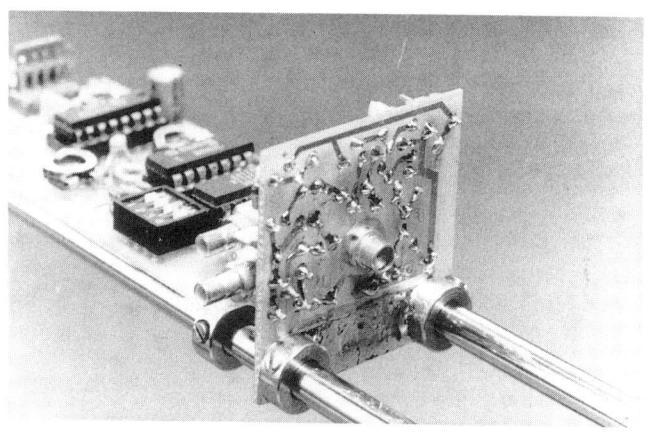

Abb. 10.6 Impuls-Sender auf der Optischen Bank

11 Schlußwort

Bei konsequentem Nachbau aller vorgestellten Module verfügt der Leser jetzt über die theoretische und praktische Grundlage für den weiteren Aufbau eines optoelektronischen Labors.

Alle Baugruppen werden bei der Arbeit an kompletten Empfängern, also Fotodioden mit nachgeschalteter Verstärkerstufe, zur Ermittlung der Leistung von abgestrahlten optischen Signalen, aber auch immer wieder für die Erarbeitung weiterführender Grundlagen benötigt.

An diese Stelle seien einige Hinweise angefügt, wie man auch ohne differenzierte Experimentalanweisungen einige recht informative Versuche machen kann:

Mit dem HeNe-Laser kann man sehr gut die Gesetzmäßigkeiten von Spiegeln aller Formen, an farbigen Gläsern und Linsen untersuchen. Die Grundlagen hierzu liefert jedes gute Physikbuch.

Mit einer zweiten Linse und einem weiteren XY-Halter kann man die Sende- und Empfangsmodule von der optischen Bank lösen und, insbesondere mit dem Impulssender, Versuche zur Reichweite bei Reflexbetrieb und der Verwendung unterschiedlicher Materialien als Reflektor anstellen.

Wer eine SW-Vidikonkamera besitzt oder gar so etwas edles wie eine CCD-Kamera besitzt, kann bei allen Infrarotemittern die abgegebene Strahlung direkt sichtbar machen. Farb-TV-Camcorder scheiden hierfür leider aus.

Da alle Sendemodule TTL-kompatible Eingänge haben, können sie außer vom LTG auch aus jeder anderen TTL-Quelle gespeist werden, wenn diese einen 50-Ω-Ausgang hat. Andernfalls kann man eine kleine Treiberschaltung mit einem 74S00 sicher leicht selber realisieren.

Der FD-Kopf eignet sich mit 50-Ω-Abschluß innerhalb der bei TTL-IC zulässigen Impulsbreiten ohne weiteres als Empfänger für kurze Distanzen. Die TTL-Mindestamplitude von ca. 1,5 V muß dabei allerdings erreicht werden. Auf diese Weise können TTL-Systeme, die normal über Kabelverbindungen laufen, einmal mit einer optischen Verbindung betrieben werden.

Diesem Buch folgt ein Applikationsband, in dem außer der Weiterführung der Grundlagen eine Einführung in die Technik der Optoempfänger, der Zeitmeßtechnik, aber vor allem wieder komplette Bauanleitungen mit Bausätzen für Entfernungsmesser, Übertragung von NF und Videosignalen, etc. enthalten sind.

12 Technischer Anhang

12.1 Lehrhalter 30 mm

Der in *Abb. 12.1* gezeigte Leerhalter ist sehr einfach. Die Rohplatine (TS) entspricht dem beim Aufbau des HeNe-Lasers schon
verwendeten Typ. Es sind lediglich die vier 6,3 mm-Löcher zu
bohren und die beiden Ringe in der bekannten Weise zu montieren. Da der Halter seine erste Anwendung in Kapitel 4 als
Auffangschirm findet, kann man ihn gleich nach Fertigstellung
mit einem geeigneten Material bekleben. Es eignet sich praktisch
jedes weiße Papier; vorteilhafter ist aber die Verwendung von
Millimeter-Papier oder Millimeter-Transparent. Letzteres ermöglicht neben der direkten Ablesung durch die Lineatur auch die
Betrachtung von hinten, was manchmal recht nützlich ist. Wenn
man beim Aufkleben des Papiers nochmals den Zentrierhalter in
die 30 mm-Bohrung einsetzt, kann man ein Linearturkreuz in den
optischen Mittelpunkt positionieren und eventuell mit einem
Bleistiftkreis kennzeichnen. Die Fixierung sollte mit Tesafilm
erfolgen, wobei nur die Ränder des Papiers beklebt werden. Der
Klebefilm würde in der Mitte, wo später die Strahlung bevorzugt
aufgegangen werden soll, die Abbildung verzerren.

Abb. 12.1
Leerhalter 30 mm

12.2 XY-Halter

Für die Untersuchung der Linse, wie auch für einige spätere Experimente, benötigen wir eine Zusatzeinrichtung für unsere optische Bank. Mit dem XY-Halter nach *Abb. 12.2* können wir in größerem räumlichen Abstand von der Stangenbank arbeiten. Gleichzeitig ist damit eine unabhängige Verstellung sowohl in der Höhe (Y-Achse), wie auch quer zur Mitte (X-Achse) möglich. Bei größer werdendem Abstand der optischen Komponenten untereinander treten, trotz aller Genauigkeit der Halterungen, immer Winkelfehler auf, die sich besonders als Achsversatz auswirken. Daher wurde schon bei der Linse auf eine selbstgebaute Fassung verzichtet, da auch die höherwertige professionelle Version bereits Fehler verursacht. Mit dem XY-Halter können wir aber alle denkbaren Fehlstellungen ausgleichen.

Zum Einsatz kommen die schon bekannten Bauteile. Die eigentliche Tragplatte (TS) entspricht den schon verwendeten

Abb. 12.2 XY-Halter

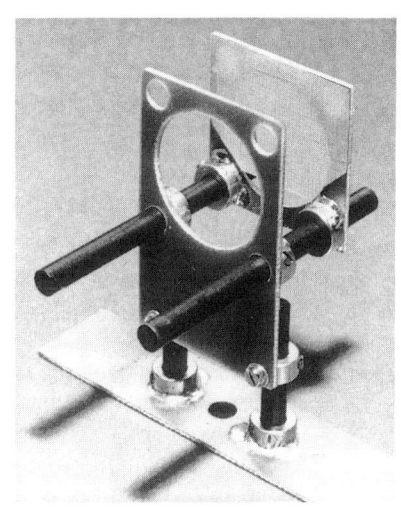

Endträgern der Stangenbank. Die Platine ist aber etwas gekürzt, da sonst keine Y-Stellung unterhalb der Mitte möglich wäre. Die beiden 2,8 mm-Bohrungen sind bereits vorhanden. Die Rohplatine ist aber noch mit den 6,3 mm-Löchern zu versehen. Die Grundplatte ist mittig für zwei Bohrungen mit 20 mm Abstand abzureißen. Das Mittelloch ist nur bei Verwendung einer Profilplatte mit Nuten sinnvoll. Auf beide Platinen werden dann mit dem Montagehalter die Ringe aufgelötet. Zwei weitere Ringe erhalten das zusätzliche M2,5-Gewinde und können dann mit den Schrauben M2,5 × 4 (TS) montiert werden. Als Stangen werden hier keine teuren Stahlstangen benutzt, sondern Stücke von PVC-Achsen (TS). Diese Achsen sind zwar recht weich, bei den benötigten kurzen Abmessungen stört das aber nicht.

Von der Originallänge (120 mm) trennen wir je ein 35 mm-Stück (Laubsäge) ab, entgraten es mit Schleifleinen und montieren dieses als senkrechte Stangen auf der Grundplatte. Die restlichen Stücke dienen als Längsstangen.

12.3 Fotodioden-Platine

Für die in *Abb. 12.3* gezeigte Schaltung ist eine Platine (TS) verfügbar, die, je nach Bestückung, beide Betriebsarten für die Fotodiode erlaubt. Vor dem Einbau jeglicher Bauelemente müssen aber die beiden 6,3 mm-Bohrungen für die Befestigung auf der optischen Bank angebracht werden. Damit die Platine in unsere Bohrhalterung eingesetzt werden kann, ist im Zentrum der ansonsten ungebohren Platine eine 1,5 mm-Bohrung vorhanden. Der Durchmesser des Mittelloches in der Zentrierscheibe ist ebenfalls 1,5 mm. Dort kann ein entsprechender Dorn (alter Bohrer) eingesetzt und mit der seitlich an der Scheibe angebrachten M3-Madenschraube befestigt werden. Der Dorn ist so zu kürzen, daß auf der später untenliegenden Seite der Bohrvorrichtung ein Überstand von etwa 1,3 mm entsteht. Die *Abb. 12.4* zeigt

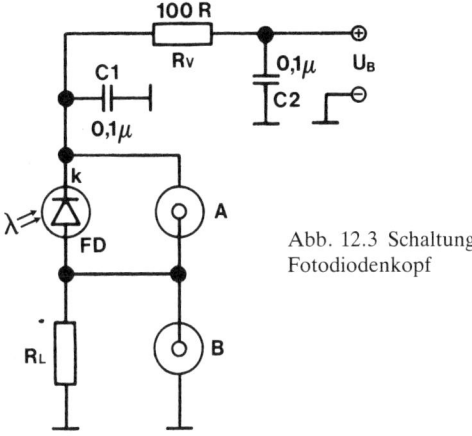

Abb. 12.3 Schaltung
Fotodiodenkopf

die so vorbereitete Bohrvorrichtung und den Bestückungsplan.
Da die Außenmaße der Platine exakt 40×40 mm betragen, kann
sie nun in das Werkzeug eingelegt und mit dem Sperrstreifen
fixiert werden. Die Anbringung der beiden 3,6 mm-Bohrungen in
dem vollkaschierten Randstreifen erfolgt zuerst. Vor dem Auflöten der Ringe sollten die Löcher für die Bauelemente gebohrt
werden. Alle Bohrdurchmesser betragen 1,0 mm; nur für die
Subclic-Buchse(n) sind 1,5 mm erforderlich. Eine Ausnahme ist
auch das ganz oben angeordnete Lötauge. Hier wird auf 3 mm
aufgebohrt. Danach können die Ringe aufgelötet werden. Die
Koaxbuchse wird zuerst in der Position „A" (Kapitel 5.5) benötigt, und kann später mit Lötsauglitze leicht wieder entlötet
werden und in Position „B" umgesetzt werden. Zusammen mit
der Koaxbuchse in „A" wird nur die Fotodiode benötigt, die von
der Lötseite montiert wird. Für alle späteren Versuche muß dann
die Bestückung zum gegebenen Zeitpunkt vervollständigt werden
(keinesfalls sofort, da sich die beiden Schaltungsvarianten gegen-
seitig stören!).

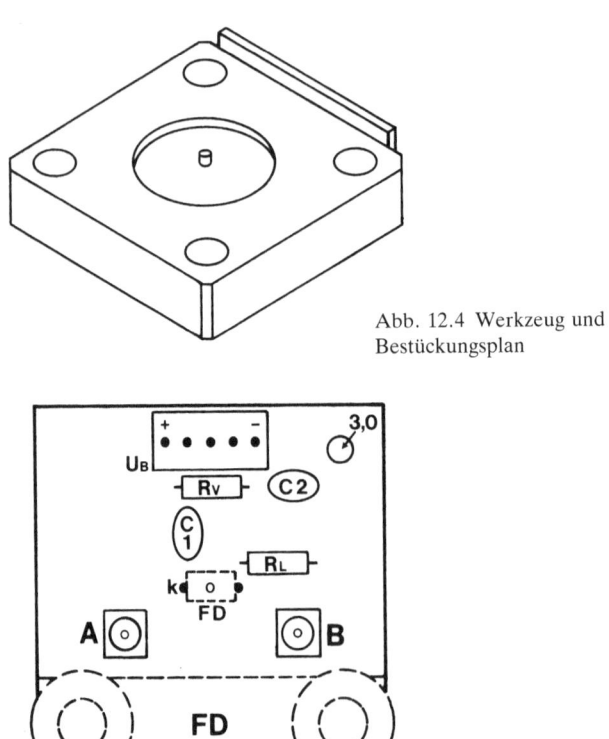

Abb. 12.4 Werkzeug und Bestückungsplan

Für einige Versuche ist es notwendig, die aktive Fläche der Fotodiode zu verkleinern. Eine derartige Einrichtung nennt man „Blende". Sie besteht aus einem Stück Platinenmaterial, das gemäß der *Abb. 12.5* zugeschnitten und gebohrt werden muß. Dabei ist zu beachten, daß unbedingt ein mit Kupfer kaschierter Abschnitt verwendet wird, da das nackte Epoxydmaterial zu durchsichtig ist. Die 3 mm-Bohrung dient der Befestigung der Blende mit einer M3-Schraube unter Beilage einer 2 mm-Distanz-

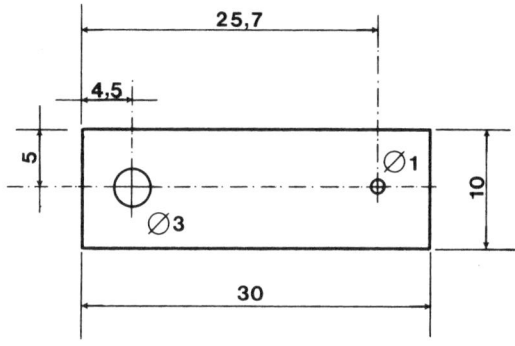

Abb. 12.5 Blende

rolle und einer Mutter. Die Gegenbohrung befindet sich oben in der Platine. Bei der Montage der Blende sollte die kaschierte Seite außen liegen, damit bei einer Schwenkbewegung keine Kurzschlüsse zum Layout hin erfolgen können.

12.4 50-Ω-Abschlußwiderstand

In Kapitel 7 ist der Einsatz von Abschlußwiderständen am Ende von Koaxialkabeln aufgezeigt worden. Die Einschaltung von Bauteilen mit Adaptern, wie in Kapitel 6, ist im Einzelfall sicher eine einfache Methode. Benötigt man mehrere Abschlüsse gleichzeitig, dan wird das etwas unbequem und auch recht teuer. Besser ist es, sich einige spezielle Adapter selbst anzufertigen.

Der Aufbau erfolgt als sogenannter „Durchgangswiderstand" wie in *Abb. 12.6* gezeigt. Der Eingang des Adapters besteht aus einer BNC-Buchse und der Ausgang aus einem BNC-Stecker. Er kann also an beliebiger Stelle eines BNC-Stecksystems einfach zwischengesteckt werden.

Abb. 12.6
50-Ω-Abschluß

Die mechanische Konstruktion kann durch eine erfreuliche Eigenschaft des BNC-Systems recht einfach ausfallen: die Gewinde der Einlochbuchsen passen zu den Gewinden der Kabelmuttern in den Steckern. Der Durchmesser der Innenleiter beträgt einheitlich 2 mm. Werden die Originalteile etwas verändert, so entsteht durch Ineinanderschrauben von Stecker und Buchsen ein Adapter, in dessen Innenraum einige 0,4 W-Widerstände eingebaut werden können.

Die benötigten 50-Ω-BNC-Stecker sind vom Typ UG260 (TS). Als Gegenstück benötigen wir eine Buchse mit etwas längerem Gehäuse, da diese einen ausreichend langen Innenleiter haben. Daher wird der Typ UG1094 (TS) verwendet, der für isolierten Einbau (mit Zusatzteilen) bei Chassisstärken bis zu 7 mm gedacht ist.

Der Aufbau im Einzelnen:

Die *Abb. 12.7* zeigt die verschiedenen Phasen des Umbaues, der vor allem die Buchse betrifft. Zum Festhalten und Einspannen dient uns ein BNC-Adapter, am besten das T-Stück. Wird dessen rechteckiger Mittelteil in den Schraubstock gespannt, so haben wir eine druckfreie und drehbare Halterung für die Buchse.

Etwa 5 mm hinter dem Flansch wird der Gewindeteil auf dem gesamten Umfang durchtrennt („A"), ohne die darunter liegende Teflonisolation oder gar den Innenleiter durchzuschneiden. Am einfachsten geht es, wenn eine der beigefügten Muttern bis zum Anschlag am Flansch aufgeschraubt wird und dann an der Fläche der Mutter mit einer Laubsäge (feines Metallblatt) stückweise eingesägt und weitergedreht wird.

Der hintere Gewindeteil kann nach dem Durchtrennen zusammen mit dem PTFE-Teil aus dem Vorderteil herausgezogen wer-

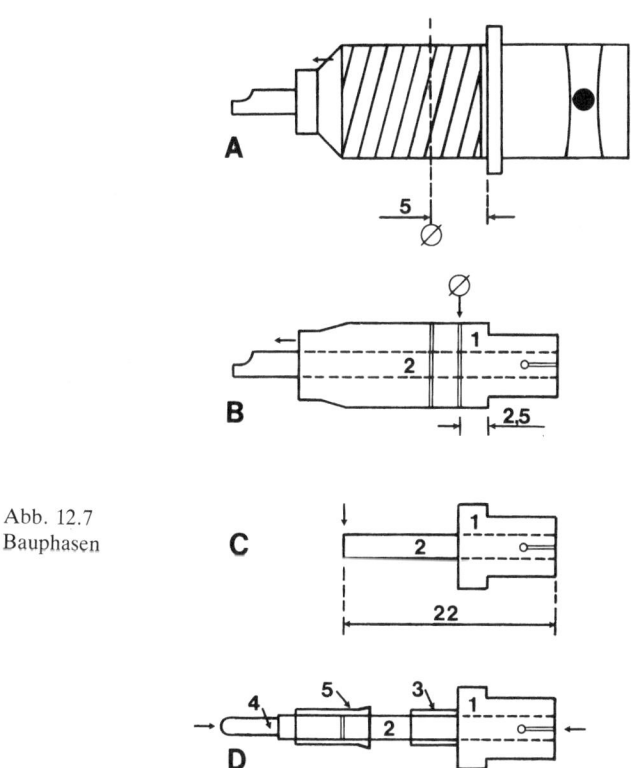

Abb. 12.7
Bauphasen

den. Bevor die Mutter entfernt wird, sollte man die Schnittstelle mit der Feile etwas glätten.

Nach Abstreifen des Gewindeteiles (Abfall) liegt der Isolierkörper mit dem Innenleiter vollständig vor uns („B"). Wir markieren einen Abstand von 2,5 mm (Filzschreiber) gemäß der Abbildung und stecken das Teflonteil bis zur Markierung wieder zurück in das Buchsenvorderteil im Schraubstock. Am Rand des Gewinderestes kann nun die Isolation mit einem Federmesser unter ständigem Weiterdrehen bis auf den Innenleiter durchschnitten werden. Der linke Teil kann dann leicht aus dem Rest abgezogen werden. Das Ausziehen des Kontaktstückes aus dem Teflonrest (Abfall) erfolgt mit einer schmalen Zange, ohne den gefiederten Vorderteil zu beschädigen! Das Bild „C" zeigt die Teile nach dem Absägen des Innenleiters.

Der Isolator (1) sitzt nun allerdings nicht mehr so fest auf dem Innenleiter (2), da die Rändelung nur in der Mitte vorhanden war. Damit die Position des Kontaktteiles fixiert wird und er nicht zu weit nach vorn gleiten kann, stecken wir die Teile, wie in „C" dargestellt, in den Stecker des BNC-T-Stückes. Der Steckerstift stellt dann die richtige Position des Kontaktes ein. Ein kleines Stück (5 mm) Schrumpfschlauch (TS, Teil 3 in „D") wird darüber geschoben und verschrumpft. Damit kann der Kontakt nicht mehr durchgleiten.

Bevor wir die Teile 4 und 5 montieren können, müssen wir den BNC-Stecker vorbereiten. Alle Innenteile werden entfernt. Nur Gehäuse und Steckerstift (Teil 4) verwenden wir weiter. Der im vorderen Teil des Metallkörpers eingepreßte PTFE-Isolator muß von hinten ausgedrückt werden. Dafür benutzen wir die Bohrmaschine als Presse, in dem wir einen 3,5 mm-Bohrer verkehrt herum einspannen und mit seinem Schaft auf den Isolator drükken. Der Stecker muß dabei mit seinen Rändern locker auf dem etwa 10 mm geöffneten Schraubstock aufliegen.

Der leere Stecker wird mit seinem hinteren Ende (Kabelseite) aufrecht in den Schraubstock gespannt. Dabei darf der Spanndruck nicht zu stark sein, um das Gehäuse nicht zu verformen! Wir bohren nun die innere Trennwand im Stecker mit 5,0 mm auf. Die Bohrung des ausgedrückten Isolators müssen wir ebenfalls erweitern (2,8 mm). Da Teflon sehr weich ist, muß diese Arbeit mit einer nichtelektrischen Handbohrmaschine vorgenommen werden. Man kann ersatzweise auch einen Bohrer fest in einen Gewindebohrer-Halter einspannen. Nach dem sorgfältigen Entgraten können wir den Isolator wieder einbauen.

Zum Eindrücken spannen wir das Steckergehäuse wieder hochkant ein und setzen den Isolator in die Bohrung. Zum Pressen dient diesmal das leere Bohrfutter. Für den Anfang legen wir einen Platinenrest zwischen Futter und Teflonteil. Damit wird der Isolator etwa bis zur Hälfte eingeschoben. Der Rest wird dann mit dem leicht geöffneten Bohrfutter gedrückt. Die Backen des Futters sollen dabei auf dem Rand des Isolators aufliegen, damit sich dieser nicht konisch verformt und dann sperrt.

Stecker und Buchsenrest können nun einmal probeweise zusammengeschraubt werden, um die Gängigkeit der Gewinde zu testen. Falls die Buchse nun nicht mehr in den Stecker paßt, dann ist dieser beim Einspannen zum bohren verformt worden und meist nicht mehr zu richten.

Der Innenleiter der Buchse und der Stift des Steckers (2 + 4 in „D") werden mit einer Aderendhülse (TS) zusammengehalten. Diese Hülse hat einen leicht größeren Durchmesser als 2 mm. Wenn die Teile wie in der Abbildung positioniert sind, so muß die Hülse mit einer Zange verformt werden. Dafür benötigt man eigentlich eine Spezialzange. Es geht aber auch mit dem kleinsten Durchmesser einer sogenannten „Quetschzange" für Kfz-Elektrik. Die Hülse ist natürlich nicht die einzige Verbindung der Teile, sondern nur eine Positionierhilfe für die zentrische Verbindung. Während der Verformung sollte man die beiden Messingteile mit den Fingern zusammendrücken. Ist die Hülse fixiert, so wird mit wenig Zinn die Verbindung verlötet. Dabei sollte kein Lot auf die Außenseite der Hülse gelangen, um den Durchmesser

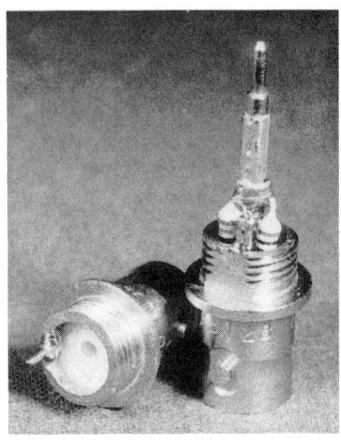

Abb. 12.8 Montage

nicht weiter zu vergrößern. Nun können wir erstmals alle Teile verschrauben und dabei die Paßgenauigkeit prüfen.

Wir haben jetzt ein zwar schönes, aber funktionsloses Gehäuse, in das noch der Widerstand eingebaut werden muß. Dafür werden alle Teile wieder getrennt. Auch der fertige Innenleiter wird ausgezogen, so daß der Isolator (1) in der Buchse bleibt.

Für den Widerstand, der aus zwei parallel geschalteten Metallfilmwiderständen der Größe 0207 (0,25 W) von je 100 Ω (TS) hergestellt wird, benötigen wir einen Masse(Gehäuse-)anschluß. Das Löten am Gehäuse ist nur an einer Stelle gut möglich. Die Abflachung der Buchse dient eigentlich als Verdrehschutz und ist die dünnste Stelle auf dem Umfang. Hier löten wir innen einen ca. 10 mm langen Schaltdraht (0,6 mm) an, wie *Abb. 12.8* zeigt. Dabei wird die Buchse nur von außen erwärmt und innen gut vorverzinnt. Eventuell außen anhaftende Lotreste müssen wieder vorsichtig (Gewinde!) abgefeilt werden. Die Widerstände werden mit ihrer einen Seite dann nur noch am überstehenden Ende des Massedrahtes, also „außerhalb" des Gehäuses, verlötet.

Die Drähte der Widerstände werden etwas vorgebogen und dann wie in *Abb. 12.8* eingebaut. Die Anschlußdrähte sind etwa

154

ein Drittel des Umfanges gegensinnig um den Innenleiter gewikkelt und unterhalb der Hülse verlötet, ohne diese durchzuwärmen! Die drei Massedrähte werden auf ca. 3 mm gekürzt und ebenfalls verlötet. Der Innenleiter ist damit auch mechanisch gut fixiert und unser Abschlußwiderstand kann endgültig montiert werden. Nach der Prüfung mit dem Ohmmeter ist er fertig.

Der Bausatz enthält alle Teile für 3 Adapter mit einer genügenden Anzahl Hülsen. Wenn man das Prinzip einmal nachvollzogen hat, ist der Aufbau von zwei weiteren Exemplaren wohl keine Schwierigkeit mehr.

12.5 Netzgerät NG

Das Netzgerät NG liefert außer der 12 V-Versorgung für den Wandler des HeNe-Lasers alle erforderlichen Spanungen für die Lasermodule gleichzeitig. Es stehen 5 V 0,3 A, 24 V 0,1 A und eine regelbare Hochspannung von 0–300 V 10 mA zur Verfügung.

Alle Spannungen können einzeln über Miniaturschalter eingeschaltet werden. Bei der Hochspannung wird nicht über einen Schalter direkt gearbeitet, sondern über ein geeignetes Relais, da hochspannungssichere Schalter schwerbeschaffbar und teuer sind. Die Abnahme der Spannungen erfolgt über die schon mehrfach eingesetzten 5pol-Molexkontakte. Alle drei Stiftbuchsen sind unterschiedlich belegt, damit ein versehentliches Stecken, insbesondere auf dem HV-Teil, ohne Folgen bleibt. Die erforderlichen Kabelstecker liegen dem Bausatz bei.

Die *Abb. 12.9* zeigt den Aufbau auf einer Europakarte. Um einen kostengünstigen Nachbau zu ermöglichen, wurde der offene Aufbau auf einer Platine gewählt, ohne ein Gehäuse zu verwenden. Alle Bedienungselemente sind deshalb mitintegriert und müssen nicht über Kabel angeschlossen werden. Eine kon-

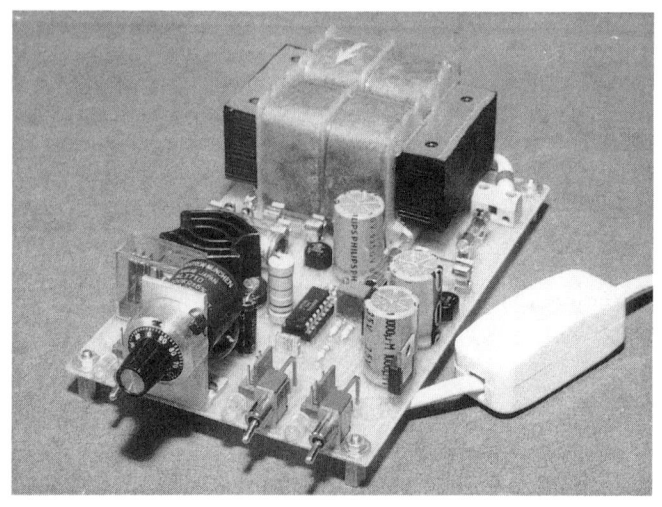

Abb. 12.9 Netzgerät NG

fektionierte Netzleitung mit Kabelschalter ermöglicht die Abschaltung der Netzwechselspannung.

Die *Abb. 12.10* und *Abb. 12.11* zeigen die Gesamtschaltung. Der Transformator ist eine Spezialanfertigung für das NG und hat einen Sicherheitsaufbau mit getrennten Wickelkammern. Die Primärwicklung ist zudem über einen eingebauten Thermoschalter gegen thermische Überlastung geschützt.

Alle Wicklungen sind über Schmelzsicherungen 5 × 20 mm einzeln abgesichert, wie es die VDE-Vorschriften für Mehrfachwicklungen vorschreiben. Wegen der hohen Spannung von ca. 440 V, die aus der Wicklung n3 gewonnen wird, ist hier eine Spezialsicherung mit 5 × 30 mm und 500 V-Zulassung verwendet worden.

Der HV-Gleichrichter ist aus einzelnen Dioden 1N4007 zusammengesetzt. Für die anderen Spannungen wurden die üblichen Rundbrücken verwendet. Die Stabilisation der 5 V sowie der 24 V erfolgen durch Regler der bekannten 78xx-Reihe. Eine Kühlung

156

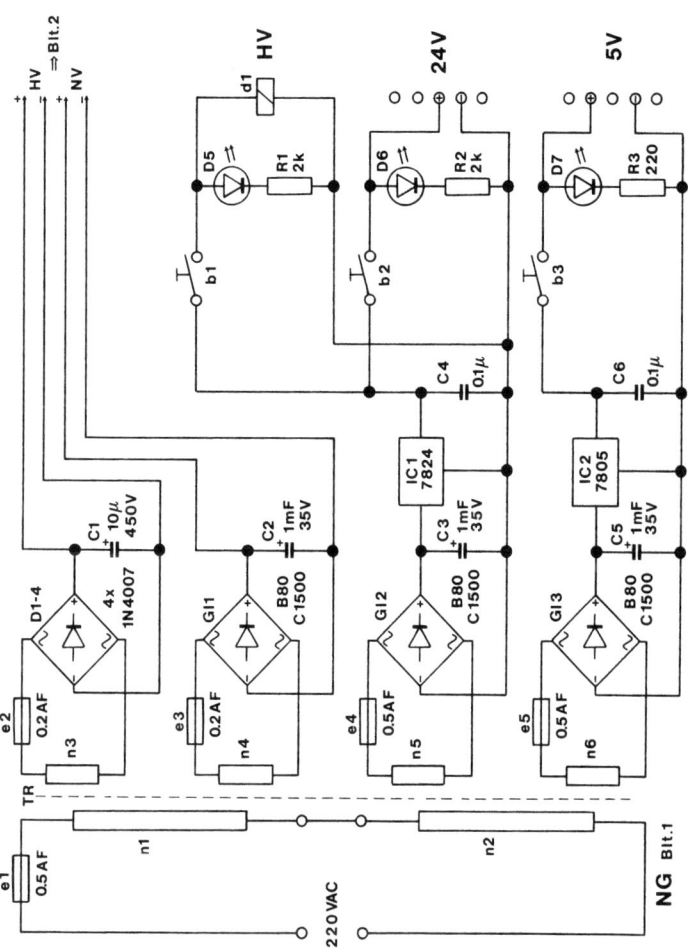

Abb. 12.10 Schaltbild NG Blt. 1

157

Abb. 12.11 Schaltbild NG Blt. 2

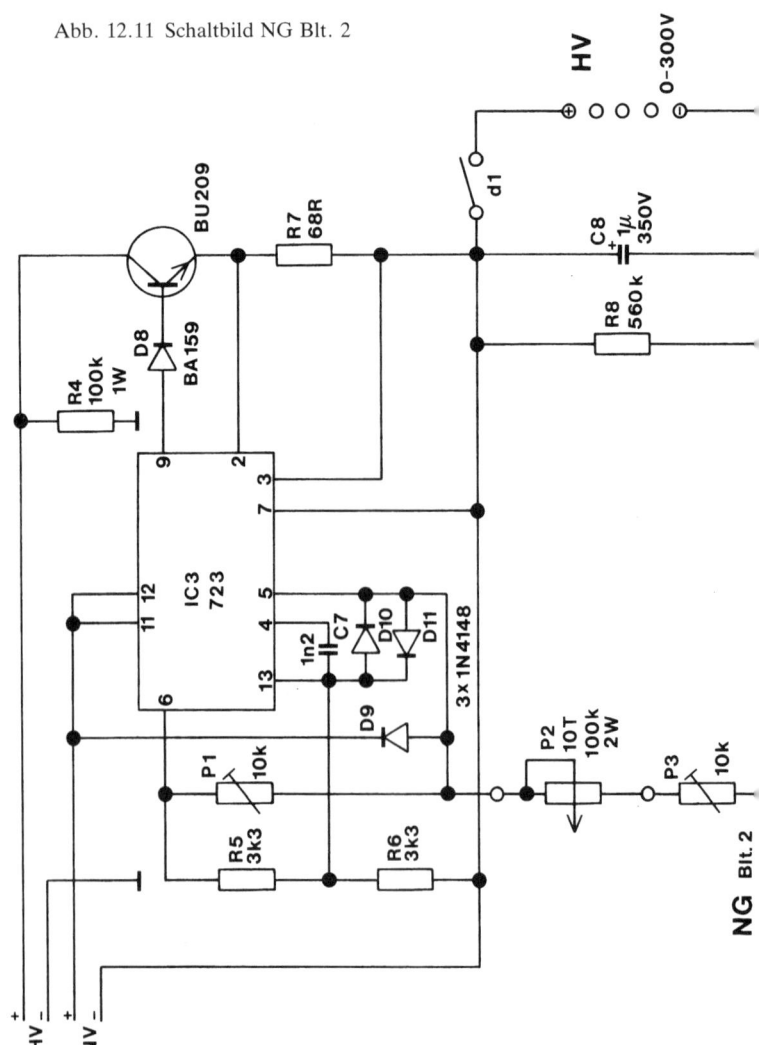

ist bei ausschließlicher Verwendung für die Module dieses Buches nicht erforderlich.

Die HV-Regelung ist eine hochkonstante Schaltung mit dem IC 723. Es handelt sich um eine sogenannte „schwimmende" Regelung (engl. floating regulation), da die erforderliche unstabilisierte Hilfsspannung mit einem Pol auf der Plusseite der stabilisierten Hochspannung angeschlossen ist. Der eigentliche HV-Stelle ist der Transistor BU209, der für eine maximale Kollektor-Emitterspannung von 1000 V ausgelegt ist. Die Diode D8 dient als Rückschlagschutz für das IC. Sie kann nicht durch eine 1N4007 ersetzt werden, da es sich um eine schnelle 1000 V-Schaltdiode handelt. Die anderen Dioden dienen ebenfalls dem Schutz vor Fehlpolarität, wie sie vor allem beim Ein- und Ausschalten der Netzspannung auftreten kann. Über den Widerstand R7 ist die Schaltung gegen Kurzschluß geschützt. Der Begrenzungsstrom ist auf ca. 10 mA festgelegt. Bei Verwendung eines großen Kühlkörpers für den Transistor kann das Netzteil bis zu 50 mA liefern.

Die Einstellung der Ausgangsspannung wird mit einem 10-Gang-Wendelpoti vorgenommen. Damit lassen sich auch Variationen von nur 1 V noch feinfühlig einstellen. Der mitgelieferte Feintrieb hat eine Skalierung von 0–10 mit nochmaliger dekadischer Unterteilung. Bei sorgfältigem Abgleich kann man ohne die Hilfe einer DVM-Anzeige jede Spannung mit 1 V-Treffsicherheit einstellen. Der Abgleich auf 300,0 V erfolgt mit dem Wendeltrimmer P1. Der Nullpunkt wird mit P3 auf +0,0 V eingestellt. Diese Einstellung sollte bei einem DVM-Meßbereich von 1–2 V vorgenommen werden, da es möglich ist, auch negative Ausgangsspannungen mit diesem Trimmer einzustellen. Ein negativer Wert kann das IC beschädigen und ist zu vermeiden.

Der Bestückungsplan ist mit 1:1 Zeichnungsformat dem Bausatz beigelegt, da er hier nur verkleinert wiedergegeben werden könnte. Auf der Rückseite der Zeichnung sind auch die Hinweise für die Bestückung der fertig gebohrten Platine abgedruckt.

Die Inbetriebnahme beschränkt sich auf die Kontrolle der 5 V und 24 V-Spannung sowie dem Einstellen der HV-Trimmer. Eine Prüfung der HV-Regelung erfolgt mit einem ebenfalls beigefügtem 33 k-2 W-Widerstand bei einer Ausgangsspannung von 200 V. Die Spannung darf sich nur um weniger als 0,1 V ändern.

Es versteht sich wohl von selbst, daß außer den Bedienungselementen keine Bauteile während des Betriebes berührt werden dürfen, da sie Hochspannung bis zu 450 V oder Netzspannung führen! Der Einbau ist ein geeignetes, nach vorn offenes Kunststoffgehäuse sollte kein Problem darstellen.

12.6   Literaturverzeichnis

G. Schröder
Technische Optik
Vogel-Buchverlag 1986
ISBN 3-8023-0067-X

K. Tradowsky
Laser
Vogel-Buchverlag 1988
ISBN 3-8023-0021-1

Dr. H. Treiber
Lasertechnik
Frech-Verlag 1985
ISBN 3-7724-5403-8

12.7   TS-Service

Auszug aus der Liste der lieferbaren Bausätze: Die im Buch mit „TS" (Teile-Satz) gekennzeichneten Teile sind enthalten.

01	Werkzeugsatz	ca. DM 210
02	Optische Bank	ca. DM 50
03	HeNe (ohne Röhre + Wandler)	ca. DM 100

04	Linse 40/30	ca. DM 80
05	LTG	ca. DM 70
06	CW-Sender	ca. DM 120
07	Impuls-Sender	ca. DM 130
08	FD-Kopf	ca. DM 25
09	50-Ω-Abschluß (3 Stck.)	ca. DM 80
10	NG	ca. DM 240

Die Preisangaben können nur ein Anhaltspunkt sein, da zwischen dem Erstellen der Liste und der Drucklegung des Buches einige Zeit vergeht. Die komplette und aktuelle Preis- und Lagerliste ist erhältlich durch Einsendung einer Postkarte mit dem Kennwort „TS-Service" an folgende Adresse:

Bahnes Optronik
Hagener Hauptstr. 7
2160 Stade

12.8 Datenblatt BPW34

Silizium-PIN-Fotodiode   **BPW 34**

BPW 34 ist eine Silizium-Fotodiode in PIN-Planartechnik. Das verwendete N-Si-Material ergibt einen positiven Vorderseiten- und negativen Rückseitenkontakt. Diese Fotoempfänger sind sowohl für Diodenbetrieb (mit Sperrspannung) als auch für den Elementbetrieb geeignet.

Gehäusebauform: Leiterbandgehäuse, klares Epoxy-Gießharz, Lötspieße, 5,08-mm-Raster ($^2/_{10}$"). Für die SMD-Montage kann das Bauelement auch mit abgewinkelten Lötspießen geliefert werden (Beispiel: BP 104 BS).

Kathodenkennzeichnung: Nase am Lötspieß

Anwendung: Lichtschranken für Gleich- und Wechsellichtbetrieb, IR-Fernsteuerungen, Industrieelektronik, »Messen/Steuern/Regeln«.

Besondere Merkmale:

- Hohe Zuverlässigkeit
- Keine meßbare Alterung
- Geringes Rauschen
- Hohe Leerlaufspannung bei Elementbetrieb
- Hohe Grenzfrequenz
- Kurze Schaltzeit
- Geringe Kapazität
- Hohe Packungsdichte
- Hohe Fotoempfindlichkeit
- Weiter Temperaturbereich
- Geeignet im Bereich des sichtbaren Lichts und des nahen Infrarots

bestrahlungsempfindliche Fläche

Kathode

Gewicht etwa 0,1 g

Typ	Bestellnummer
BPW 34	Q62702-P73

Grenzdaten:

Betriebs- und Lagertemperatur	T_B; T_S	−40...+80	°C
Löttemperatur (Lötstelle 2 mm vom Gehäuse entfernt bei Lötzeit $t \leqq 3$ s)	T_L	230	°C
Sperrspannung	U_R	32	V
Verlustleistung (T_U = 25 °C)	P_{tot}	150	mW

Kenndaten (T_U = 25 °C)

Fotoempfindlichkeit (U_R = 5 V; Normlicht A, T = 2856 K)	S	80 ($\geqq$50)	nA/lx
Wellenlänge der max. Fotoempfindlichkeit	$\lambda_{S\,max}$	880	nm
Spektraler Bereich der Fotoempfindlichkeit (S = 10% von S_{max})	λ	400...1100	nm
Bestrahlungsempfindliche Fläche	A	7,34	mm^2
Abmessung der bestrahlungsempfindlichen Fläche	$L \times B$	2,71 × 2,71	mm
Abstand Chipfläche-Oberkante bis Gehäuse-Oberkante	H	0,5	mm
Halbwinkel	φ	±60	Grad
Dunkelstrom (U_R = 10 V)	I_R	2 ($\leqq$30)	nA
Spektrale Fotoempfindlichkeit (λ = 850 nm)	S_λ	0,62	A/W
Quantenausbeute (λ = 850 nm)	η	0,90	$\dfrac{\text{Elektronen}}{\text{Photon}}$
Leerlaufspannung (E_v = 1000 lx, Normlicht A, T = 2856 K)	U_L	365 ($\geqq$300)	mV
Kurzschlußstrom (E_v = 1000 lx, Normlicht A, T = 2856 K)	I_K	80 ($\geqq$50)	µA
Anstiegs- und Abfallzeit des Fotostromes von 10% auf 90%, bzw. von 90% auf 10% des Endwertes (R_L = 1 kΩ, U_R = 5 V, λ = 830 nm, I_P = 70 µA)	t_r, t_f	350	ns
Durchlaßspannung (I_F = 100 mA, E_e = 0, T_U = 25 °C)	U_F	1,3	V
Kapazität (U_R = 0 V, f = 1 MHz, E_v = 0 lx)	C_0	72	pF
Temperaturkoeffizient von U_L	TK_U	−2,6	mV/K
Temperaturkoeffizient von I_K	TK_I	0,18	%/K
Rauschäquivalente Strahlungsleistung (U_R = 10 V)	NEP	4,1 × 10^{-14}	$\dfrac{\text{W}}{\sqrt{\text{Hz}}}$
Nachweisgrenze (U_R = 10 V)	D*	6,6 × 10^{12}	$\dfrac{\text{cm} \cdot \sqrt{\text{Hz}}}{\text{W}}$

Dunkelstrom $I_R = f(U_R)$
$T_U = 25\,°C; E = 0$

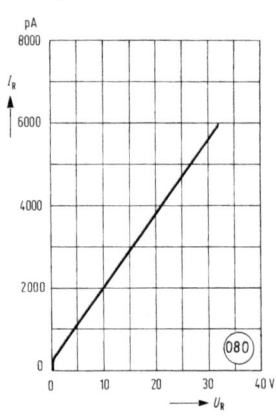

Kapazität $C = f(U_R)$
$f = 1\,MHz; E = 0$

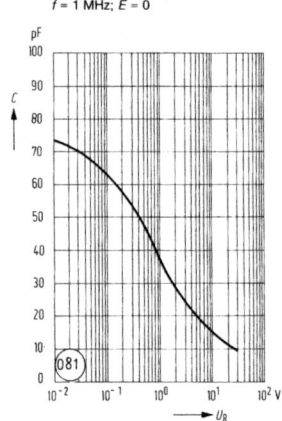

Fotostrom $\dfrac{I_P}{I_{P\,25}} = f(T_U)$

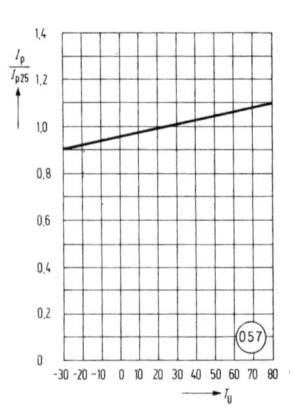

Dunkelstrom $I_R = f(T_U)$
$U_R = 10\,V; E = 0$

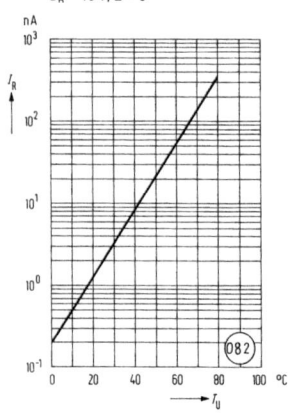

Relative spektrale Empfindlichkeit
$S_{rel} = f(\lambda)$

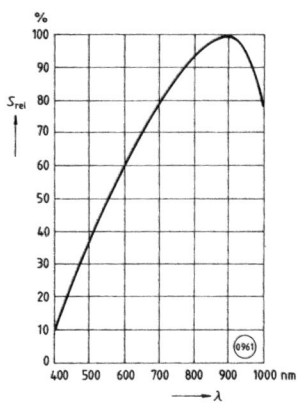

Fotostrom $I_P = f(E_v)$
Leerlaufspannung $U_L = f(E_v)$

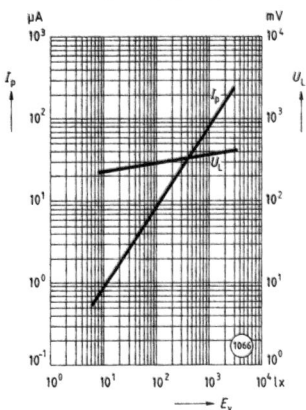

Richtcharakteristik $S_{rel} = f(\varphi)$

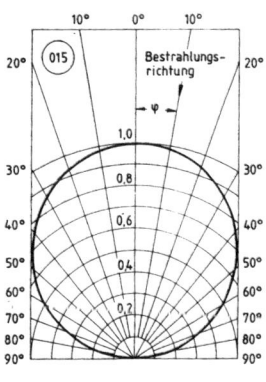

Verlustleistung $P_{tot} = f(T_U)$

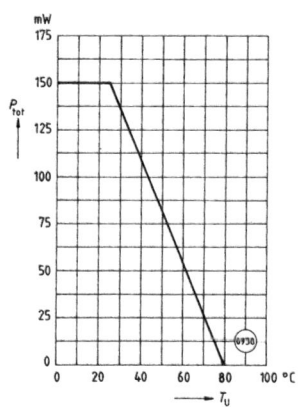

165

Leerlaufspannung $\frac{U_L}{U_{L\,25}} = f\,(T_u)$

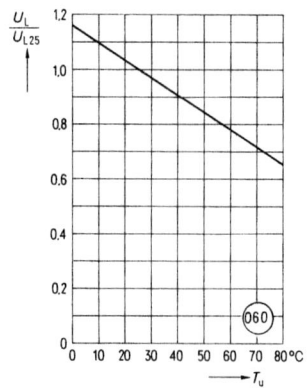

12.9 Datenblatt LD274

GaAs-IR-Lumineszenzdiode **LD 274**

LD 274 ist eine GaAs-IR-Lumineszenzdiode mit hohem Wirkungsgrad, hergestellt im Schmelzepitaxieverfahren. Die abgegebene Strahlung liegt im nahen Infrarotbereich und wird durch Stromfluß in Durchlaßrichtung angeregt, wobei Gleichstrom oder Impulsbetrieb bei gleichzeitiger Modulation möglich ist.

Gehäusebauform: 5-mm-LED-Gehäuse (T 1¾), grau getöntes Epoxy-Gießharz, Lötspieße, 2,54-mm-Raster (¹/₁₀″)

Kathodenkennzeichnung: Kürzerer Lötspieß

Anwendung: IR-Fernsteuerungen von Fernseh- und Rundfunk-Geräten, Videorecordern, Lichtdimmern; Gerätefernsteuerungen, Lichtschranken für Gleich- oder Wechsellichtbetrieb.

Besondere Merkmale:
- Hohe Zuverlässigkeit
- Lange Lebensdauer
- Sehr hohe Strahlstärke durch starke Bündelung
- Hohe Impulsbelastbarkeit

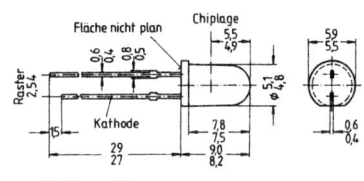

Gewicht etwa 0,5 g

Typ	Bestellnummer
LD 274	Q62703-Q1031

Grenzdaten:

Betriebs- und Lagertemperatur	T_B; T_S	$-55\ldots+100$	°C
Löttemperatur bei Tauchlötung (Lötstelle $\geqq 2$ mm vom Gehäuse; Lötzeit $t \leqq 5$ s)	T_{LT}	260	°C
Löttemperatur bei Kolbenlötung (Lötstelle $\geqq 2$ mm vom Gehäuse; Lötzeit $t \leqq 3$ s)	T_{LK}	300	°C
Sperrschichttemperatur	T_j	100	°C
Sperrspannung	U_R	5	V
Durchlaßstrom	I_F	100	mA
Stoßstrom ($\tau = 10$ µs, D = 0)	i_{FS}	3	A
Verlustleistung ($T_U = 25$ °C)	P_{tot}	165	mW
Wärmewiderstand	R_{thJU}	450	K/W

167

Durchlaßstrom $I_F = f(U_F)$

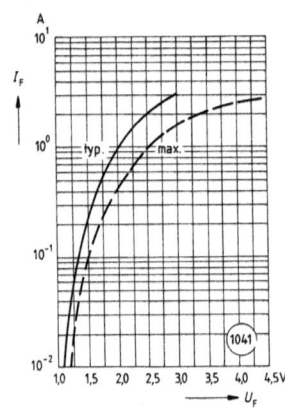

Kapazität $C = f(U_R)$

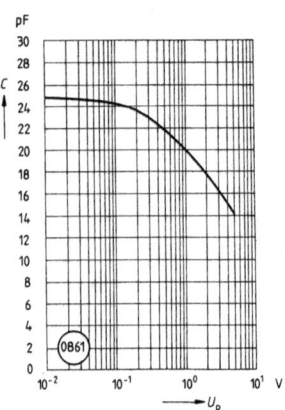

Durchlaßspannung $\dfrac{U_F}{U_{F\,25}} = f(T_U)$

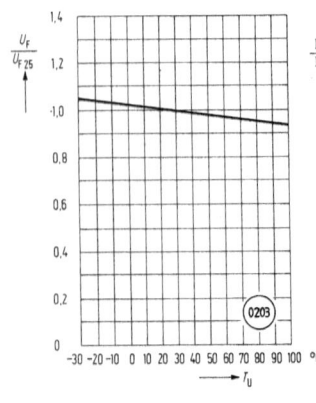

Strahlstärke $\dfrac{I_e}{I_{e\,25}} = f(T_U)$

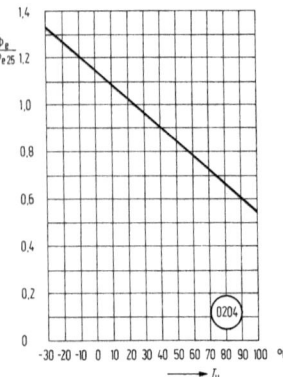

168

Relative spektrale Emission $I_{rel} = f(\lambda)$

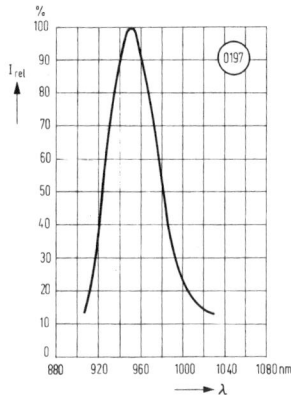

Rel. Strahlstärke $\dfrac{I_e}{I_{e\ 100\ mA}} = f(I_F)$

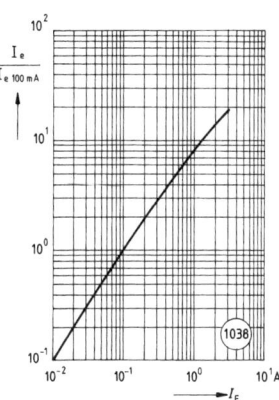

Abstrahlcharakteristik
$I_{rel} = f(\varphi)$

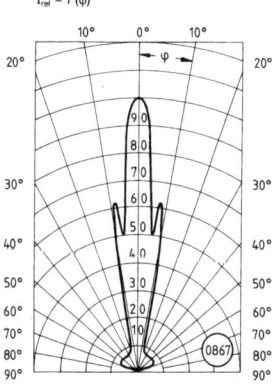

Maximal zulässiger Durchlaßstrom
$I_F = f(T_U)$

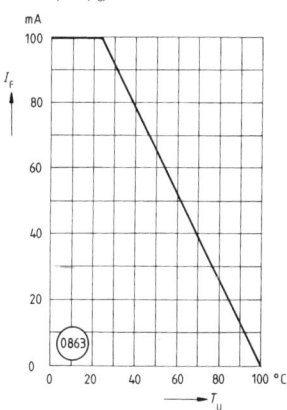

169

Wellenlänge der Strahlung
$\lambda_{peak} = f(T_U)$

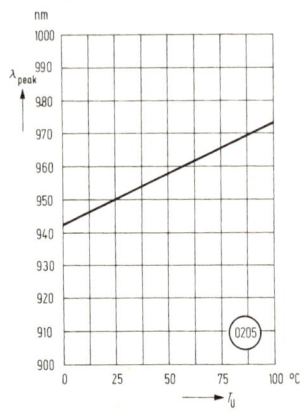

Zulässige Impulsbelastbarkeit
$I_F = f(\tau)$;
Tastgrad D = Parameter

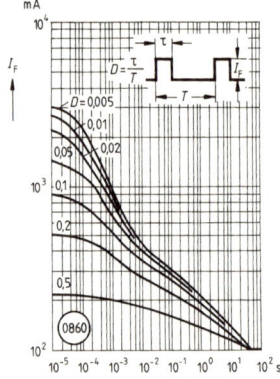

Kenndaten (T_U = 25 °C)

Wellenlänge der Strahlung (I_F = 100 mA, t_p = 20 ms)	λ_{peak}	950 ± 20	nm
Spektrale Halbwertsbreite (I_F = 100 mA; t_p = 20 ms)	$\Delta\lambda$	55	nm
Halbwinkel	φ	10	Grad
Aktive Chipfläche	A	0,09	mm^2
Abmessungen der aktiven Chipfläche	L × B	0,3 × 0,3	mm
Abstand Chipfläche Oberkante bis Gehäuse Oberkante	H	4,9...5,5	mm
Schaltzeiten I_e von 10% auf 90% und von 90% auf 10% (bei I_F = 100 mA)	t_r; t_f	1	µs
Kapazität (U_R = 0 V)	C_O	25	pF
Durchlaßspannung (I_F = 100 mA)	U_F	1,30 (≦1,5)	V
(I_F = 1 A; t_p = 100 µs)	U_F	1,9 (≦2,5)	V
Durchbruchspannung (I_R = 100 µA)	U_{BR}	30 (≧5)	V
Sperrstrom (U_R = 5 V)	I_R	0,01 (≦10)	µA
Temperaturkoeffizient von I_e bzw. Φ_e	TK_I	−0,55	%/K
Temperaturkoeffizient von U_F	TK_U	−1,5	mV/K
Temperaturkoeffizient von λ_{peak}	TK_λ	+0,3	nm/K
Strahlstärke I_e in Achsrichtung bei einem Raumwinkel Ω = 0,01 sr			
(I_F = 100 mA, t_p = 20 ms)	I_e	(≧30) typ. 60	mW/sr
(I_F = 1 A; t_p = 100 µs)	I_e	typ. 400	mW/sr
Gesamtstrahlungsfluß (I_F = 100 mA; t_p = 20 ms)	Φ_e	typ. 13	mW

170